MÉMOIRES
DE PHYSIQUE
ET DE CHIMIE,
DE LA SOCIÉTÉ D'ARCUEIL.

IMPRIMERIE DE H. L. PERRONNEAU.

MÉMOIRES

DE PHYSIQUE

ET DE CHIMIE,

DE LA SOCIÉTÉ D'ARCUEIL.

TOME PREMIER.

PARIS,

J. J. BERNARD, QUAI DES AUGUSTINS.

M. DCCC. VII.

La Physique et la Chimie, qui contractent de plus en plus des rapports intimes, sont cultivées avec une telle émulation dans une grande partie de l'Europe, que l'on voit les découvertes jaillir de toutes parts et se succéder rapidement ; mais en même tems des opinions souvent contradictoires paroissent jetter de l'incertitude sur les résultats de l'expérience, qui devient elle-même de plus en plus difficile.

Pour que les progrès de ce genre de connoissances soient réels, et qu'ils aient une marche constamment progressive, il faut qu'on apporte une grande précision dans les faits, que l'on perfectionne tous les moyens qui servent à les établir, que l'on compare les résultats obtenus par différens physiciens, et dans des circonstances différentes. Ce n'est que par ces soins et à l'aide d'une saine critique, que l'on peut parvenir à des théories inébranlables, à des vérités qui ne pourront jamais être contestées.

Ainsi, la science exige d'autant plus d'efforts, qu'elle acquiert plus d'étendue et de perfection : elle doit aspirer à une précision d'autant plus grande, qu'elle s'engage dans des recherches plus difficiles.

Une Société de quelques personnes qui cultivent les différentes branches de la Physique et de la Chimie, s'est formée dans la vue d'accroître les forces individuelles par une réunion fondée sur une estime réciproque et sur des rapports de goûts et d'études, mais en évitant les inconvéniens d'une association trop nombreuse. Voici son régime :

Elle se réunit tous les 15 jours à Arcueil; le jour de réunion est consacré à répéter les expériences nouvelles qui paroissent le mériter par leur éclat ou qui exigent d'être constatées, et à faire celles qui sont indiquées par quelque membre de la Société, sur-tout lorsquelles demandent des appareils particuliers, ou que l'auteur desire d'avoir des aides, des témoins ou des conseils.

Tous les Mémoires qui doivent entrer

dans le recueil de la Société sont soumis à une discussion ; mais l'auteur reste libre dans ses opinions , et en répond seul.

Chacun se charge de la lecture d'un ou de plusieurs journaux et des ouvrages qui sont mis au jour, et qui concernent la science qu'il cultive particulièrement. Le rapport en est fait dans la réunion.

La Société voit avec orgueil le nom de M. La Place inscrit sur sa liste.

Celui qui a conçu le projet de former cette réunion, y trouve, en voyant approcher la fin de sa carrière, la douce satisfaction de contribuer, par cette pensée, aux progrès des sciences auxquelles il s'est devoué, beaucoup plus efficacement qu'il n'auroit pu le faire par les travaux qu'il peut encore se promettre de continuer.

Les progrès de la Physique sont d'un assez grand intérêt, puisqu'ils ont pour objet de remonter aux véritables causes des phénomènes, de reconnoître les forces de la nature, et d'en indiquer l'application à l'industrie de l'homme.

Puisse sous ces rapports le zèle de la Société d'Arcueil mériter l'approbation du chef auguste de notre Gouvernement !

Puisse la paix, dont le desir est depuis longtems dans le cœur du héros triomphateur, permettre à son génie de répandre son influence féconde sur les arts et sur les sciences, qui, seuls, auroient pu faire sa gloire, si les destinées du monde ne lui eussent été confiées !

La Société est composée de

MM.	MM.
La Place.	*Thenard.*
C. L. Berthollet.	*Decandolle.*
Biot.	*Collet-Descostils.*
Gay-Lussac.	*A. B. Berthollet.*
Humboldt.	

Arcueil, 9 juillet 1807.

MÉMOIRES

DE PHYSIQUE ET DE CHIMIE,

DE LA SOCIÉTÉ D'ARCUEIL.

OBSERVATIONS

Sur l'intensité et l'inclinaison des forces magnétiques, faites en France, en Suisse, en Italie et en Allemagne.

Par MM. A. DE HUMBOLDT ET GAY-LUSSAC.

Lu à l'Institut le 8 septembre 1806.

LES causes et les lois du magnétisme terrestre sont restées dans la plus grande obscurité, au milieu des progrès rapides que la physique vient de faire.

1.

Les variations tant diurnes que séculaires de l'aiguille aimantée, son inclinaison et sa déclinaison sur les principaux points du globe; l'intensité des forces magnétiques, le nombre et le cours des bandes sans déclinaison, ne sont encore que très-peu connus. Les observations des voyageurs et des physiciens, qui d'ailleurs ne portent presque uniquement que sur la déclinaison de l'aiguille aimantée, ont été faites à des époques trop éloignées les unes des autres, et en employant des instrumens ou des méthodes trop peu exacts, pour qu'il soit possible d'asseoir sur elles les bases d'une théorie qui embrasseroit les divers phénomènes du magnétisme terrestre. Le desir de concourir à fournir quelques matériaux pour l'avancement de cette partie de nos connoissances, nous a engagés, M. Humboldt et moi, dans une suite d'observations sur l'inclinaison et l'intensité des forces magnétiques. Nous nous en sommes occupés dans un voyage d'une année, que nous avons fait en France, en Suisse, en Italie et en Allemagne, et dans lequel j'ai pu profiter des vastes connoissances de mon ami. Ce sont ces observations que nous avons l'honneur de présenter aujourd'hui à l'Institut. Le court espace de tems dans lequel elles ont été faites

et qui les rend presque simultanées ; la grande
étendue qu'elles embrassent, et, nous osons
le dire, leur exactitude, nous font espérer
qu'il les accueillera avec intérêt (1).

La boussole dont nous nous sommes servis
pour déterminer les inclinaisons magnétiques
est celle de Borda. Elle avoit été exécutée par
M. Lenoir, pour l'expédition d'Entrecasteaux,
et nous avoit été confiée par S. E. le ministre
de la marine. Celle pour les oscillations horisontales consistoit en une aiguille aimantée,
parallélogrammique, suspendue à un fil de
soie plate. Une boîte, dont deux faces opposées étoient en verre, servoit à la garantir des
agitations de l'air. La simplicité de cet instrument, la grande exactitude à laquelle on
peut atteindre par son moyen, et la méthode
due à Borda de conclure des oscillations de
l'aiguille la force qui les produit, sont aujour-
d'hui connues de tout le monde. Il n'en est
peut-être pas de même de la meilleure manière
de déterminer pour un lieu l'inclinaison et
l'intensité des forces magnétiques : les opinions
ne nous paroissent pas encore fixées à cet

(1) Toutes nos observations ont été faites entre le
15 mars 1805 et le 1er. mai 1806.

égard, et c'est pour cela que nous croyons pouvoir nous permettre les détails dans lesquels nous allons entrer.

Lorsqu'une aiguille d'inclinaison est dans son méridien magnétique, une variation de position à droite ou à gauche de ce plan produit une augmentation dans l'inclinaison. On peut donc, pour déterminer le méridien magnétique, chercher le plan pour lequel l'inclinaison de l'aiguille est un *minimum*; mais ce procédé n'a point la simplicité qu'il paroît avoir au premier abord, et nous allons voir qu'il en existe un autre plus exact et plus expéditif.

Si on conçoit une aiguille d'inclinaison dans un plan perpendiculaire à son méridien, la force horisontale qui est une des composantes de la force magnétique étant alors sans effet, l'aiguille se tiendra verticale. La position de ce plan est extrêmement facile à déterminer; parce que, sans attendre que l'aiguille soit arrivée au repos, on peut juger si ses oscillations de part et d'autre de la verticale qui passe par son centre de suspension sont égales, et par conséquent la faire tourner si elles ne le sont pas. Il ne faut alors qu'un très-petit mouvement; car la force horisontale croissant comme le sinus de l'angle de déviation, il en résulte une variation très-sensible dans la direction de l'aiguille. Le plan perpendiculaire au méridien magnétique étant ainsi trouvé, il est facile d'en conclure ce dernier et d'y déterminer ensuite l'inclinaison ; mais l'aiguille pouvant, à cause du frottement, rester un peu au-dessus ou au-dessous de sa vraie direction, il sera nécessaire de faire plusieurs observations pour en prendre la moyenne.

Telles seroient les opérations à faire pour trouver l'inclinaison si l'aiguille étoit parfaite. Il s'en faut de beaucoup qu'elle le soit ordinairement, et de là naissent plusieurs causes d'erreur qu'il faut chercher à corriger. Voici en peu de mots comment on peut y parvenir.

Le centre de gravité de l'aiguille pouvant se trouver hors de son axe de suspension et de sa ligne de figure, le plan méridien n'est plus celui qui seroit perpendiculaire au plan dans lequel elle se tient verticale. Il se détermine en faisant tourner la boussole jusqu'à ce que l'aiguille prenne de nouveau une direction verticale, et en divisant en deux parties égales l'angle décrit. L'inclinaison a de même besoin d'une correction. Si le centre de gravité de l'aiguille est au-dessus du centre de suspension, l'inclinaison est trop petite ; s'il est au-dessous elle est trop grande. Mais en changeant les pôles de l'aiguille, les effets des causes perturbatrices sont alors en sens contraire, et la moyenne de toutes les observations donne la vraie inclinaison. Il n'est cependant pas nécessaire de renverser les pôles chaque fois qu'on veut la déterminer. Quand la correction est connue pour un lieu, on peut la regarder, sans erreur sensible, comme constante pour un autre qui seroit peu éloigné du premier, en supposant d'ailleurs que l'aiguille n'éprouve pas de changemens.

M. Laplace a proposé une autre méthode également simple pour déterminer l'inclinaison. En nommant M et P les nombres d'oscillations faites dans le même tems par l'aiguille dans le méridien magnétique et dans le plan qui lui est perpendiculaire, l'inclinaison I est donnée par la formule $\sin I = \dfrac{P^2}{M^2}$.

Comme cette méthode est fondée sur les oscillations dont on peut mesurer rigoureusement le tems, nous sommes convaincus qu'elle peut donner une très-grande précision; mais nous avons à regretter que notre aiguille n'ayant pas beaucoup de grandeur et une mobilité parfaite, il ne nous ait pas été possible de compter un assez grand nombre d'oscillations pour l'employer avec succès.

L'intensité des forces magnétiques se détermine en faisant osciller l'aiguille d'inclinaison dans son méridien, et en prenant pour sa mesure le carré du nombre d'oscillations faites dans un tems donné. Il peut arriver cependant que l'aiguille éprouve une altération, et dans ce cas toutes les observations seroient affectées d'une erreur qui pourroit être considérable. On peut, il est vrai, changer les pôles de l'aiguille et l'aimanter à saturation; mais les différences qu'on observe dans ses oscillations, quand elle a été ainsi aimantée deux fois en sens contraire, sont souvent assez grandes pour que, dans ces expériences qui demandent de l'exactitude, on ne puisse se permettre de faire ces changemens.

La méthode que nous avons employée nous paroît à l'abri de tout inconvénient. Elle consiste à se servir des oscillations d'une aiguille horisontale suspendue à un fil, pour en conclure ensuite, lorsque l'inclinaison est donnée, celles qu'elle feroit dans sa vraie direction. Soit F la force magnétique totale pour un lieu déterminé, I l'inclinaison et N le nombre d'oscillations horisontales faites pendant le tems T; $\dfrac{N}{T\sqrt{(\cos I)}}$

sera le nombre d'oscillations faites par l'aiguille dans sa vraie direction, pendant l'unité de tems. Et si on veut comparer tout de suite l'intensité de la force magnétique avec celle F' d'un autre endroit, on aura

$$\frac{F}{F'} = \frac{N^2}{T^2 \cos I} \times \frac{T'^2 \cos I'}{N'^2}.$$

Tels sont les moyens que nous avons employés pour déterminer l'inclinaison et l'intensité des forces magnétiques dans les divers lieux que nous avons parcourus. Tous nos résultats ont été réunis dans un tableau particulier, et voici dans quel ordre ils y ont été disposés. La première colonne comprend les noms des lieux ; leur latitude et leur longitude forment la seconde et la troisième. Pour comparer nos observations sur l'inclinaison aux résultats de la théorie, d'après les formules que M. Biot a publiées (1), nous avons ramené les latitudes et longitudes terrestres à l'équateur et au méridien magnétiques déterminés l'un et l'autre, d'après les observations de MM. Lapeyrouse et Humboldt, en Amérique. Ce sont ces latitudes et longitudes qui forment la quatrième

---

(1) Journal de Physique, tom. 59.

et la cinquième colonnes de notre tableau. La
huitième renferme les inclinaisons observées ;
la neuvième celles qui ont été calculées, et
la dixième les différences des unes aux autres.
Dans la sixième colonne on trouve, exprimé
en secondes, le tems qu'il a fallu dans chaque
lieu à notre aiguille horisontale pour faire 60
oscillations, et dans la septième les intensités
totales correspondantes. Pour comparer ces
dernières entre elles, nous avons pris pour
terme de comparaison l'intensité des forces sous
l'équateur magnétique, et nous l'avons supposée égale à 10000. Nous nous sommes
servis, pour cet objet, des observations de
l'un de nous, desquelles il résulte qu'une aiguille d'inclinaison qui feroit 245 oscillations
à Paris, n'en feroit plus que 211 sous l'équateur magnétique pendant le même espace de
tems. Connoissant l'inclinaison à Paris et les
oscillations de notre aiguille horisontale, il
nous a été facile, d'après ce que nous avons
dit, de calculer ses oscillations dans sa vraie
direction, et par suite celles qu'elle feroit sous
l'équateur magnétique ; car en supposant égaux
les rapports des intensités donnés par deux
aiguilles dans deux lieux différens, on dé-
montre que leurs nombres d'oscillations dans ces

mêmes lieux , pendant le même tems , sont proportionnels entre eux.

En faisant nos observations , nous avons eu soin en même tems de reconnoître la nature du sol et son élévation au-dessus du niveau de la mer. Il y a des roches qui, par leur nature, ne peuvent avoir aucune influence sur l'aiguille aimantée ; mais il en est d'autres , telles que les basaltes et les serpentines , qui renferment quelquefois beaucoup de fer , et qui peuvent alors en avoir une très-forte. Il a été reconnu qu'à des hauteurs bien plus considérables que celles auxquelles on peut s'élever sur les montagnes , la force magnétique ne varie pas sensiblement , et d'après cela , il seroit inutile de tenir compte de l'élévation des lieux. Elle pourroit cependant donner une idée de l'influence qu'ils auroient sur l'aiguille , s'ils recéloient du fer. Mais outre cela, la constitution d'un pays dépendant tout aussi bien de sa hauteur que de sa position géographique , il nous a paru d'autant plus utile de rapporter tout ce qui peut la faire connoître , que jusqu'à présent cet objet a été trop négligé. Ainsi donc l'élévation du sol au-dessus du niveau de la mer et sa nature , occuperont dans notre tableau deux colonnes séparées.

Lorsque nous sommes partis de Paris, nos instrumens, que nous n'avions pu avoir à notre disposition que la veille du jour de notre départ, ne nous ont pas permis d'y déterminer l'inclinaison et l'intensité des forces magnétiques. Nous n'avons pu commencer nos observations qu'à Villeneuve-sur-Yonne, mais de là nous les avons continuées sur tous les points de notre passage qui pouvoient mériter quelque attention. J'observerai cependant que les résultats que j'ai obtenus à Paris, sur l'intensité des forces magnétiques, un an après en être parti, doivent être, relativement à l'aiguille, en parfaite harmonie avec les autres ; car ayant passé deux fois à Milan, à six mois d'intervalle ; nous avons trouvé que notre aiguille y faisoit exactement le même nombre d'oscillations la seconde fois que la première, soit dans l'intérieur de la ville, soit hors ses murs.

Nos observations sur l'intensité des forces magnétiques à Turin, influencées sans doute par quelque cause très-particulière, nous ayant paru quelque tems après s'écarter beaucoup en sens contraire de la loi que suivoient les autres, nous avons fait osciller une nouvelle aiguille à Milan, comparativement avec la nôtre, et nous l'avons envoyée à M. Vassali, qui a eu

la complaisance de compter ses oscillations en
divers endroits dans l'intérieur et à l'extérieur
de Turin. C'est d'après ses résultats et ceux que
nous avions obtenus à Milan que nous avons
calculé les oscillations que notre aiguille auroit
faites dans la première de ces villes.

Nous devons faire remarquer encore, avant
d'aller plus loin, quel est le degré de précision auquel on peut atteindre dans ce genre
d'expériences, afin qu'on ne se méprenne pas
sur de légères anomalies qui pourroient se
trouver dans nos résultats. D'abord, pour les
inclinaisons, avec un instrument de $0^m,07$ de
rayon, il seroit difficile, même dans le calme
le plus parfait, de les déterminer à plus de
six minutes près. Dans un voyage, dans lequel
on n'a pas toujours ni le tems ni les commo-
dités qu'on pourroit desirer, les limites des
erreurs doivent être un peu plus éloignées
entre elles. Nous croyons néanmoins que les
plus grands écarts de nos observations, principalement de celles que nous avons faites en
allant de Rome à Berlin, ne s'étendent pas au-
delà de 10 minutes. Relativement à l'influence
des localités particulières, on ne peut assurer
jusqu'où elle peut s'étendre, quoique, en général, elle doive être assez petite. Nous n'avons

pu toujours observer en plein air, et quand nous avons été obligés de le faire à couvert, nous avons choisi les appartemens les plus grands, en évitant ceux où nous découvrions quelque masse de fer un peu considérable.

Pour les oscillations horisontales, nous pouvons répondre de leur parfaite exactitude. Nous en avons toujours mesuré le tems avec un chronomètre de M. Berthoud, et d'ailleurs il n'y a rien de plus facile que de les observer. Dans le même endroit, elles présentent toujours le plus grand accord. Si, comparées dans des lieux différens, elles paroissent quelquefois ne pas suivre une loi parfaitenrent régulière, c'est dans les localités qu'il faut en chercher la cause.

Maintenant que nous avons exposé comment nous avons fait nos observations, ainsi que la manière de les réduire et de les comparer les unes aux autres, nous allons passer aux résultats qu'elles nous ont présentés.

Un des principaux buts que nous nous étions proposés dans notre voyage, étoit de nous assurer si la haute chaîne des Alpes pouvoit avoir de l'influence sur l'intensité et l'inclinaison des forces magnétiques. Nous l'avons traversée deux fois en deux endroits différens, la première au Mont-Cenis, entre Lyon et Turin;

la seconde au St.-Gothard, entre Come et Altorf: En fixant les yeux sur le tableau, on voit
que, lorsque l'inclinaison est à Lyon 66° 14';
elle est à Chambéry, à St.-Michel et à Modane,
presque à la même latitude, et dans la chaîne
même, 66° 12', 66° 12' et 66° 6'; qu'à
Lanslebourg, qui est au pied du Mont-Cenis,
elle est 66° 9', et qu'enfin sur cette montagne,
à l'Hospice et à la hauteur de 2120ᵐ on la
trouve 66° 22'. A Turin, de l'autre côté de
la chaîne des Alpes, nous l'avons observée
de 66° 3', c'est-à-dire de 9' plus petite qu'à
Lyon; mais aussi cette dernière ville est un
peu plus au nord que la première. Si, sur le
Mont-Cenis, l'inclinaison paroît un peu plus
forte qu'elle ne devroit l'être, en la comparant
à celles des lieux voisins, à Chambéry, à
St.-Michel, à Modane et à Lanslebourg, qui
sont également dans la chaîne, elle paroît être
telle à-peu-près qu'elle devroit être en raison
de leur position géographique seulement. On
ne peut donc tirer aucune conséquence de cette
foible augmentation d'inclinaison dans un seul
endroit, d'autant plus que sur le St.-Gothard,
à une hauteur égale, nous avons trouvé, au
contraire, une inclinaison un peu plus foible
qu'à Airolo et à Ursern, situés l'un à la pente

méridionale de cette montagne, et l'autre à sa
pente septentrionale.

En considérant à présent l'influence des Alpes
sur l'intensité des forces magnétiques, nous
la trouverons en général très-foible, si même
elle existe. A Lyon, l'intensité est à-peu-près la
même qu'à Turin. Sur le Mont-Cenis elle est
un peu plus forte que dans ces deux villes ;
mais à Lanslebourg, au contraire, elle est plus
foible. A l'hospice du St.-Gothard, nous l'a-
vons trouvée de 0,005 environ plus grande
qu'à Airolo et à Ursern, et plus petite de 0,01
qu'à Altorf. Il faut bien d'ailleurs accorder
quelque chose pour les erreurs des observations, car une erreur de quelques minutes
dans l'inclinaison en produit une de plusieurs
millièmes dans l'intensité. Il est permis outre
cela de croire, jusqu'à ce qu'on ait prouvé
le contraire, que l'inclinaison éprouve de
même que la déclinaison, des variations aux
différentes heures du jour et de la nuit. Mais,
en admettant même qu'il y ait une différence
due à l'influence des Alpes, elle ne va qu'à
un centième lorsqu'on compare quelques endroits du milieu de la chaîne à ceux qui
en sont éloignés, et pour d'autres elle est
encore plus petite. Nous croyons donc pouvoir

conclure que la chaîne des Alpes, au moins dans les endroits où nous l'avons traversée, a une influence peu sensible sur l'inclinaison et l'intensité des forces magnétiques.

Pendant notre séjour sur le Mont-Cenis, où nous étions occupés d'expériences particulières, nous avons voulu voir si l'intensité des forces magnétiques n'éprouvoit pas de variations sensibles aux différentes heures du jour et de la nuit. Nous avons fait faire 250 oscillations à notre aiguille, mais le tems de 1234″ qu'elles ont employé n'a jamais varié de plus d'une seconde au-dessus ou au-dessous de ce nombre. A Rome, où nous avons encore fait un grand nombre d'expériences de ce genre, nous avons obtenu des résultats semblables. D'après cela, il nous paroît évident que la force magnétique ne varie pas sensiblement en intensité pendant le jour ou pendant la nuit(1). Nous observerons pour ceux qui voudroient s'occuper de cet objet, qu'on peut s'épargner l'ennui de compter à chaque observation toutes les oscillations;

_____

(1) En supposant tous les phénomènes magnétiques dépendans les uns des autres, on pourroit aussi en conclure que l'inclinaison n'éprouve pas de variations appréciables; celles de la déclinaison étant déja très-petites.

car en prenant une aiguille très-paresseuse et dont le tems, pour chaque oscillation, seroit supposé plus long que les variations qu'on cherche à évaluer, on peut employer le moyen dont se servent les astronomes pour observer les révolutions des taches du soleil.

Pendant le court espace de tems que nous avons passé dans Naples, nous avons été témoins du violent tremblement de terre, du 26 juillet 1805, et de l'éruption du Vésuve, du 12 août de la même année. Nous nous sommes empressés de voir quels pourroient être les effets de ce volcan sur l'intensité et l'inclinaison des forces magnétiques. On sait que dans les produits des éruptions volcaniques, il y a quelquefois beaucoup de fer peu oxidé qui agit fortement sur l'aiguille aimantée. Il étoit naturel d'après cela d'attribuer aux volcans une très-grande influence, mais nous allons voir que pour le Vésuve elle est très-bornée.

A Naples, qui est à environ deux lieues de ce volcan, nous avons trouvé l'inclinaison égale à 61° 35'. En suivant la marche des inclinaisons depuis des endroits situés beaucoup plus au nord, on les voit décroître jusqu'à Naples, suivant une loi assez régulière. A Portici, qui s'est élevé sur les ruines d'Herculanum, et qui est traversé par des courans de laves, nous avons observé l'inclinaison de 60° 50'. A l'hermitage de S.-Salvador, à-peu-près à la moitié de la hauteur du Vésuve, et à côté de courans récens de laves, nous l'avons trouvée de 62° 15'; et enfin dans le cratère même du Vésuve, sur des scories, de 62° 0'. On voit donc que quoiqu'il y ait une différence dans la plupart de ces inclinaisons, en les comparant les unes aux autres, elle n'est pas aussi grande que celle à laquelle on auroit pu s'attendre; et que, si le Vésuve a une influence sur l'inclinaison de l'aiguille aimantée, elle est au moins très-petite et très-locale. Si, en effet, à l'hermitage de S.-Salvador, l'inclinaison est plus grande de 40' qu'à Naples, à Portici elle est de 35' plus petite.

L'intensité paroît avoir varié d'une manière plus sensible et plus irrégulière. Quoique Naples soit plus au midi que Rome, l'intensité y est plus grande d'un centième. A Portici elle est encore d'un quatre-vingt-onzième plus grande qu'à Naples, et à l'hermitage d'un quarante-cinquième. Mais dans le cratère du Vésuve, elle est au contraire d'un quinzième plus petite. Tant d'irrégularité et un décroissement si ra-

pide dans l'intensité, de la base du Vésuve à
son sommet, prouvent que ce volcan ne peut
être considéré comme un centre magnétique
dont l'influence s'étendroit au loin. Cette influence paroît au contraire très-locale et doit
dépendre entièrement de l'action de quelques
parties de laves un peu plus chargées de fer
dans un endroit que dans un autre. Au milieu
du cratère, comme nous étions immédiatement
sur les scories, notre aiguille à oscillations horisontales a pu se trouver près d'une scorie
magnétique, dont les pôles auroient été placés
en sens contraire des siens. Dans ce cas, on
conçoit la diminution d'intensité que nous avons
observée. Mais telle supposition qu'on fasse d'ailleurs, on ne peut l'expliquer par l'incandescence
des matières que renferme le Vésuve. Car, s'il
est vrai que la chaleur détruise la force d'un
aimant, un volcan n'est aussi qu'un point sur
le globe, et l'influence du noyau magnétique
pénétreroit dans son intérieur pour se pro-
pager au-delà, de la même manière qu'elle
pénètre et se propage dans l'espace au-delà de
la surface de la terre.

Considérons actuellement nos observations
d'une manière générale, depuis Berlin jusqu'à
Naples. Nous verrons d'abord à la colonne des

tems, pour 60 oscillations horisontales, que le
tems diminue progressivement avec la latitude.
A Berlin, il faut pour 60 oscillations $316'',5$;
à Paris, il n'en faut que 314; à Milan, $295,5$;
à Rome, $281,8$, et à Naples, $279,0$. Il est
donc évident qu'à partir de Berlin, la force
horisontale va en augmentant à mesure qu'on
s'approche de l'équateur. Un accroissement semblable auroit toujours lieu, quelle que fût la
loi de l'intensité de la force en raison de la
distance aux pôles; mais on peut concevoir
une loi croissante de l'équateur magnétique aux
pôles, telle qu'il y auroit un point intermédiaire où la force horisontale seroit à son
maximum. Il est possible que d'après la loi du
magnétisme terrestre, que nous ne connoissons
pas encore, mais que nous savons croissante
de l'équateur aux pôles, il existe un point semblable dont la position, si elle étoit bien connue,
seroit utile dans la détermination de cette loi.
D'après nos observations, ce point ne pourroit se trouver qu'au-dessous de la latitude de
Naples.

Si on réduit les oscillations horisontales à
celles qui auroient lieu dans la vraie direction
des forces magnétiques, les intensités totales
suivent alors une loi différente; elles vont

en diminuant avec la latitude. En supposant l'intensité sous l'équateur magnétique égale à 10000, elle est à Berlin 13703, à Paris 13482, à Lyon 13334, à Milan 13364, à Rome 12642, et enfin à Naples 12745. Ainsi la loi découverte par M. Humboldt, dans son voyage aux tropiques, de l'intensité croissante des forces magnétiques, en allant de l'équateur aux pôles, se trouve confirmée en Europe pour la France, l'Italie et l'Allemagne.

Si nous considérons les inclinaisons, nous remarquerons qu'elles diminuent avec la latitude d'une manière assez régulière. A Berlin, nous avons trouvé l'inclinaison de l'aiguille 69° 53′; à Gottingen, 69° 29′; et M. Mayer, 69° 26′; à Paris, 69° 12′; à Lyon, 66° 14′; à Milan, 65° 40′; à Rome, 61° 57′, et à Naples, 61° 35′. Les inclinaisons correspondantes données par la théorie, d'après M. Biot, sont toutes beaucoup plus grandes, car les plus petites différences vont à près de 4°. En supposant la position de l'équateur magnétique rigoureusement déterminée, il en résulteroit qu'en Europe il y a une inflexion considérable des parallèles magnétiques vers l'équateur, occasionnée par l'influence de quelque centre particulier. Mais pour tirer aucune conclusion à cet égard, il est prudent d'attendre que des observations exactes et plus nombreuses fournissent des bases solides, sur lesquelles on puisse élever une théorie rigoureuse qui les embrasse toutes.

LIEUX DES OBSERVATIONS.	LATITUDES mesurées en degrés anciens.	LONGITUDES mesurées en degrés anciens.	LATITUDES rapportées à l'équateur magnétique.	LONGITUDES orientales comptées du nœud de l'équateur magnétique, dans la mer du sud.	TEMS pour 60 oscillations horisontales.	FORCES magnétiques comparées à celle qui a lieu sous l'équateur magnétique, supposée égale à 10000.	INCLINAISONS observées.	INCLINAISONS calculées.	DIFFÉRENCES.	HAUTEURS en mètres des lieux au-dessus du niveau de la mer.	NATURE DU SOL.
	o ' ''	o ' ''	o ' ''	o ' ''	o '		o '	o ' ''	d ' ''	mètres.	
Berlin..............	52.31.30	31.00.30	60.05.17	145.09.40	316.05	13703	69.53	73.55.54	4.02.54	26	Sables qui couvrent la pierre calcaire.
Magdebourg.........					316.05		69.35			76	Grès.
Gottingen...........	51.52.05	07.33.00	59.56.15	138.34.40	316.02	13485	69.29	73.59.13	4.10.13	192	Calcaire neuf.
Clèves.............	49.24.30	06.21.23	....	....	....	....	70.08	....	....	152	Granite.
Heidelberg..........			....	....	....	....	68.39	....	....	162	Grès.
Heilbronn...........			....	....	....	....	68.01	....	....		Gipse; calcaire de nouvelle formation.
Paris..............	48.50.14	....	57.57.00	128.22.47	514.00	13482	69.12	72.62.00	3.50.00	40	
Tübingen...........	48.31.04	06.43.15	56.46.36	136.20.20	305.02	13569	68.04	71.52.26	5.48.26	376	Grès.
Wellendingen........	48.08.49	06.22.15	....	....	....	....	67.57	....	....	440?	Calcaire du Jura.
Villeneuve-sur-Yonne..			....	....	306.04					95	
Lucie-le-bois.......							68.10				
Zurich.............	47.22.00	06.12.30	55.43.11	135.18.40	304.01		67.27			426	Grès.
Lucerne............					301.04		67.10			450	Idem.
Altorf.............					301.05	13228	66.53			494	Calcaire de transition.
Ursern, pente septentrion¹e. du S.-Gothard.......					302.02	13069	66.42				Schiste micacé.
Hospice du S.-Gothard.					299.04	13138	66.22				Granite de nouvelle formation.
Airolo, pente méridionale du S.-Gothard.......					297.03	13090	65.55				Schiste micacé.
Como.............					298.08	13104	66.12			56	Pierre calcaire de transition.
Lyon..............	45.45.52	02.29.09	54.57.42	130.22.52	296.04	13354	66.14	70.27.26	4.13.26	186	Granite feuilleté.
Saint-Michel........	45.25.17	....	....	....	294.05	13488	66.12	....	....		Schiste argileux de transition.
Modane............							66.06				Idem.
Lans-le-Bourg, au pied du mont Cénis.......	45.17.40				297.01	13227	66.09				
Hospice du mont Cénis...	45.14.10				296.00	13441	66.22			2120	Schiste micacé.
Turin..............	45.04.14	05.20.00	53.35.00	133.51.09	295.00	13364	66.03	69.45.09	3.42.09		Adossé à des montagnes de serpentine mêlée de diallage métalloïde.
Milan.............	45.28.05	06.51.15	53.46.14	134.54.46	295.05	13121	65.40	69.52.49	4.12.49		Sable qui couvre des roches primitives.
Pavie.............	45.10.47	06.49.53	....	....	291.05		65.26			86	Idem.
Plaisance...........	45.02.44	07.22.17					65.00				
Parme.............	44.48.01	08.00.19					65.07				
Modène............							64.55				
Bologne............	44.29.56	09.00.15			290.03		64.48			124	Grès nouveau.
Gênes.............	44.25.00	06.58.00			295.00		64.45			16	Calcaire de transition au sud de la Bogueria.
Rimini............	44.03.45	10.12.36					65.48			6	
Faenza............	43.55.01	10.53.21					63.54			20	
Pezaro............							64.18			10	
Florence...........	43.46.30	08.55.00	51.49.28	137.15.45	290.00	12782	63.57	68.42.22	4.45.22	74	Grès, grauwakke.
Spoleto............							62.51			280	Calcaire du Jura.
Nocera............					285.04						Idem.
Rome.............	41.53.54	10.07.50	49.48.50	138.03.49	281.08	12642	61.57	67.06.16	5.09.16	58	Laves basaltiques, tuf, péperin mêlé de fer micacé.
Tivoli.............					281.06					240	Calcaire du Jura, tuf.
Naples............	40.50.15	11.56.00	48.30.55	139.47.55	279.00	12745	61.55	66.08.54	4.35.54	16	Tuf.
Portici, au pied du Vésuve.					274.02	12885	60.50			20	Laves.
Thermitage de S.-Salvador, sur le flanc du Vésuve...					279.00	13026	62.15				Idem.
Cratère du Vésuve.....					290.03	11933	62.00			1000	Idem.

MÉMOIRE SUR LA BILE;

Par M. Thenard.

Lu à l'Institut le 2 floréal an 13.

Plus on étudie les matières animales et plus
on voit combien elles méritent d'être étudiées ;
mais en même tems, plus on sent combien il
est difficile de le faire avec succès. En effet,
il n'est aucun genre d'obstacles que cette étude
ne présente : les exhalaisons putrides et quelquefois dangereuses, l'odeur fétide et toujours
repoussante qui l'accompagnent, sont autant
de dégoûts qu'il faut d'abord surmonter ; et
lorsque ces premières difficultés sont vaincues,
on en rencontre de bien plus réelles encore,
et dans la composition souvent très-compliquée
de la matière, et sur-tout dans l'imperfection
des moyens dont il faut se servir pour l'examiner. Tandis que dans l'analyse minérale,
presque tous les corps sont pour le chimiste
des réactifs plus ou moins précieux qu'il peut
employer, ici au contraire la plupart sont pour
lui des agens plus ou moins destructeurs qu'il

doit rejetter. Aussi est-il beaucoup de substances animales qu'il est encore impossible de séparer. Ce caractère est commun à toutes celles qui sont solides : et même on peut dire que, quoiqu'il existe des différences marquées entre la fibrine, l'albumine concrète et la pulpe cérébrale, non-seulement, lorsqu'elles forment un mélange intime, leur séparation devient impossible ; mais les reconnoître, seroit peut-être un problême insoluble pour le chimiste le plus exercé. Heureusement qu'il n'en est point ainsi des divers liquides des animaux. Susceptibles de former sans s'altérer plus de combinaisons que leurs matières solides, par cela même, ils se prêtent plus que celles-ci à l'analyse. C'est là ce qui fait que nous connoissons, sinon parfaitement, au moins d'une manière assez précise les principes constituans du sang, de l'urine et du lait : et si nous n'avons point encore des notions aussi certaines sur la composition des autres liqueurs animales, c'est que jusqu'à présent, on ne s'en est point assez sérieusement occupé, ou que ces recherches ont été tentées à une époque où elles ne pouvoient être qu'infructueuses. Il seroit donc aujourd'hui plus que jamais nécessaire de les reprendre : peut-être même seroit-ce le seul moyen d'avancer

assez l'analyse pour l'appliquer à toutes les matières organiques indistinctement , ou au moins
la rendroit-on plus générale et plus sûre dans
sa marche , et par conséquent plus exacte dans
ses résultats. C'est dans cette vue que j'ai en-
trepris sur la bile , le travail dont je vais
présenter la première partie à l'Institut.

La bile est une liqueur commune à un grand
nombre d'animaux ; toujours elle est secrétée
d'un sang auquel on attribue des propriétés
particulières , par une glande d'un volume considérable : tantôt elle se rend directement dans
le duodenum ; le plus souvent avant d'y arriver,
elle reflue en grande partie dans une vésicule
ou elle séjourne plus ou moins longtems , et
où elle éprouve quelquefois des altérations remarquables. Sa fonction principale paroît être
de favoriser la digestion de concert avec le suc
pancréatique. Contribue-t-elle par ses principes à la formation du chyle ? c'est ce que
nous ne savons point encore : ce qu'il y a de
certain , c'est que la matière fécale en contient
presque constamment et par fois une assez
grande quantité pour avoir une saveur d'une
amertume insupportable. Quoi qu'il en soit, le
rôle qu'elle joue dans l'économie animale a fixé
depuis longtems l'attention des physiologistes

et des chimistes ; presque tous même s'en sont successivement occupés : mais parmi ceux dont les travaux chimiques ont fixé l'idée qu'on a prise de sa nature à diverses époques, on ne doit citer que Boërrhaave, à qui la chimie et la médecine sont tout-à-la-fois redevables de si belles découvertes, Verreyen, Baglivi, Burgrave, Hartman et Mac-Brid, célèbres dans la science médicale ; Gaubius, dont le grand Haller estimoit tant le travail ; Cadet, de l'Académie ; Van-Bochante, professeur à Louvain ; Poulletier de la Salle, et M. Fourcroy, qui a fait de si précieuses recherches sur toutes les parties de l'analyse animale.

Boërrhaave, par une erreur inconcevable, regardoit la bile comme un des liquides les plus putrescibles : et de là sont sorties plusieurs théories plus ou moins hypothétiques sur les maladies et leur traitement.

Verreyen, Burgrave et Hartman ont tous annoncé l'existence d'un alcali dans la bile (1) ; Mac-Brid a entrevu qu'elle contenoit quelque chose de sucré (2) ; Gaubius en a séparé le

_____

(1) Mémoires de l'Académie des sciences pour 1767, pag. 473. — Dictionnaire de chimie de Macquer, tom. 2, pag. 294.

(2) Mém. de l'Acad. des sciences, pour 1743, p. 473.

premier une matière huileuse d'une grande
amertume (1); et Cadet, guidé par les recherches
de ces divers savans, a été conduit en 1767
à la regarder comme un savon à base de
soude, mêlé avec du sucre de lait (2).

Dix ans s'écoulèrent ensuite sans qu'il parût
rien de remarquable sur la bile. Ce n'est même
qu'en 1778 que, dans sa dissertation, Van-
Bochante y annonça une matière fibrineuse,
que depuis on a prise pour de l'albumine; mais
malgré ses efforts, il n'a pu réussir à isoler le
corps sucré, et cependant il conclut, de ses
expériences, que ce corps entre dans la composition de la bile.

Quoique le travail de Poulletier de la Salle
n'ait point eu pour objet la bile même, il n'a
pas moins contribué à en éclairer l'histoire; il a
jetté le plus grand jour sur les concrétions qui
se forment dans celle de l'homme, sur-tout; et
ce travail, repris ensuite par M. Fourcroy (3),
a bientôt reçu un nouveau degré de précision.
Après tant de recherches entreprises sur la bile

---

(1) Système des connoissances de chimie, art. Bile.

(2) Mémoires de l'Académie des sciences, pour 1767,
pag. 70, 473 et suiv.

(3) Système des connoissances de chimie, art. Bile.

par des hommes si distingués, il semble au
premier coup d'œil que la matière devroit être
épuisée ; mais si on se rappelle combien il est
difficile de saisir toutes les vérités qui sont du
ressort de la chimie animale, si on se rappelle
qu'un bien plus grand nombre de recherches
avoient été faites sur le sang, le lait et l'urine,
avant qu'on eût sur leur nature des idées exactes
et satisfaisantes, on concevra facilement que la
liqueur de la vésicule du fiel peut encore donner lieu à des observations importantes ; et
même quoique depuis plusieurs mois je m'occupe entièrement de celle de bœuf, qui fait
l'objet spécial de ce Mémoire, je suis loin de
croire que, soumise à une nouvelle analyse,
elle ne puisse offrir quelques nouveaux résultats,
que des circonstances particulières m'auroient
empêché de produire ou peut-être d'observer.

La bile de bœuf, toujours déposée en quantité considérable dans une sorte de sac ou poche,
est ordinairement d'un jaune - verdâtre, rarement d'un vert foncé ; elle n'agit que par sa
couleur sur le bleu du tournesol et de la
violette, qu'elle change en jaune - rougeâtre ;
très-amère et légèrement sucrée tout-à-la-fois, on
n'en supporte la saveur qu'avec répugnance. Son
odeur, quoique foible, est facile à distinguer ;

et s'il est permis de la comparer à quelqu'autre, ce ne sera qu'à l'odeur nauséabonde que nous offrent certaines matières grasses, lorsqu'elles sont chaudes. Sa pesanteur spécifique varie peu, et est de 1,026 à 6° therm. cent., lorsqu'elle ne contient que les $\frac{8}{9}$ de son poids d'eau.

Sa consistance est plus variable ; tantôt elle coule à la manière d'un léger mucilage, tantôt comme une synovie épaisse. Quelquefois elle est d'une limpidité parfaite ; quelquefois aussi elle est troublée par une matière jaune dont il est facile de la séparer par l'eau. Elle passe généralement aujourd'hui pour être savoneuse et albumineuse. Cette opinion est même si accréditée qu'il n'est peut-être pas de chimiste qui ne la partage. Cependant en étudiant la bile avec plus de soin qu'on ne l'a fait encore, on reconnoît facilement qu'elle nous présente beaucoup de phénomènes qu'il est impossible d'expliquer d'après cette manière de voir. C'est sur-tout en observant tout ce qui a lieu lorsqu'on la traite par le feu et par les acides, qu'on met cette vérité hors de doute.

Distillée jusqu'à siccité, elle se trouble d'abord légèrement ; il s'y forme ensuite une écume considérable, par le mouvement que produit l'ébullition ; et bientôt après, il passe dans le

récipient une liqueur incolore précipitant légèrement en blanc l'acétate de plomb, d'une
saveur fade, d'une odeur toute particulière
analogue à celle de la bile, et qui, distillée
de nouveau, conserve encore toute ces propriétés, qu'elle doit sans doute à une petite
portion de résine qu'elle entraîne.

Le résidu solide et bien sec qui tapisse le
fond de la cornue, formé depuis le $\frac{1}{8}$ jusqu'au $\frac{1}{9}$ de la bile employée. Toujours d'un
vert-jaunâtre, très-amer, légèrement déliquescent, ce résidu se dissout presque entièrement
dans l'eau et dans l'alcool; il se fond à une
basse température et se décompose par une
forte chaleur, en donnant tous les produits des
matières animales, plus d'huile et moins de
carbonate d'ammoniaque que la plupart, un
charbon très-volumineux renfermant diverses
espèces de sels et particulièrement de la soude.
Pour ne rien perdre dans cette décomposition, il est quelques précautions à prendre :
il faut projetter la matière par fragment du
poids de quelques grammes dans un creuset
de platine ou d'argent porté à peine au rouge-
cerise; autrement, la calcination seroit longue
et inexacte. Un coup de feu plus fort opéreroit
la sublimation d'une partie du résidu; un coup

de feu moindre volatiliseroit une partie de la
matière même sans la décomposer ; et dans l'un
et l'autre cas , si cette matière étoit trop abondante , le boursoufflement considérable qui a
toujours lieu, la porteroit promptement hors
du creuset. Dans le premier mode d'opération ,
au contraire , tous ces inconvéniens disparoissent ; et de cent grammes d'extrait, on retire
vingt-deux grammes de résidu charbonneux ,
composé de 9 grammes de charbon ; soude en
partie carbonatée , 5,3 grammes ; sel marin ,
3,2 gr. ; phosphate de soude, 2 gr. ; sulfate de
soude , 0,8 gr. ; phosphate de chaux, 1,2 gr. ,
oxide de fer , quelques traces

Il n'existe donc dans la bile que $\frac{1}{200}$ ou même
$\frac{1}{225}$ de soude : or , comme il paroît impossible
qu'une si petite quantité d'alcali suffise pour
dissoudre la grande quantité de résine que cette
liqueur doit renfermer , par cela seul, il est
permis de présumer qu'elle contient encore
quelque autre substance qui , par rapport à sa
résine au moins , fait fonction de matière
alcaline : cette conjecture va devenir une probabilité et même une certitude , si nous considérons l'action des acides sur la bile.

Pour peu qu'on verse d'acide dans la bile ,
elle rougit la teinture et le papier de tournesol ;

et pourtant elle conserve sa transparence, ou au moins elle ne se trouble que légèrement : si on en ajoute davantage, le précipité augmente, mais beaucoup plus par l'acide sulfurique que par l'acide nitrique, ou tout autre. Dans tous les cas, il est toujours formé d'une matière animale jaune semblable à celle qui trouble quelquefois la bile (je l'appellerai par la suite matière jaune) et de très-peu de résine, et ne correspond jamais à beaucoup près aux quantités réunies qu'on trouve de ces deux matières dans la bile. Aussi la liqueur filtrée a-t-elle une saveur amère très-forte et donne-t-elle par l'évaporation un résidu à-peu-près égal au $\frac{24}{25}$ de celui qu'elle donneroit si elle étoit pure. Cependant lorsqu'après avoir séparé la résine et la matière jaune de la bile, on les dissout dans la soude, l'acide acéteux lui-même est susceptible de les en précipiter entièrement. On ne reforme donc point ainsi de la bile, et par conséquent la bile n'est pas seulement un composé de soude, de matière grasse et de matière jaune.

Ne pouvant plus douter qu'il entroit dans la composition de la bile une autre substance qui même jouoit le plus grand rôle dans les phénomènes qui lui sont propres, j'essayai par toutes sortes de moyens de l'isoler. J'employai vainement l'alcool et même l'éther, recommandé par Van-Bochante ; les muriates de baryte, de strontiane et de chaux, furent également sans succès, et je ne fus pas plus heureux avec la plupart des sels métalliques. L'acétate de plomb est le seul qui me réussit. Je me servis d'abord de celui du commerce ; et après avoir rassemblé sur un filtre le précipité abondant et blanc-jaunâtre qui se forma et qui étoit composé de résine et d'oxide métallique, je fis passer dans la liqueur de l'hydrogène sulfuré pour enlever l'excès de plomb qu'elle contenoit. Alors je l'évaporai et j'obtins une masse gluante très-légèrement colorée, formant environ les quatre cinquièmes de celle qu'auroit donnée la bile employée, un peu sucrée, âcre et très-amère, indécomposable par les acides ainsi que par presque tous les sels métalliques, susceptible de dissoudre beaucoup de matière résineuse, et de se comporter alors comme la bile même.

Craignant que cette masse visqueuse ne renfermât encore de la matière résineuse, parce qu'elle étoit très-amère, je cherchai de nouveaux moyens pour l'en priver totalement ; or sachant que la matière résineuse avoit une grande tendance à se combiner avec l'oxide de plomb, je

pensai que l'acétate de plomb lamelleux qui
contient une fois autant d'oxide que celui du
commerce, pourroit opérer cette séparation :
mais par ce moyen non-seulement toute la
matière grasse fut précipitée, la matière incon-
nue le fut en grande partie elle-même.

Néanmoins ce résultat me parut intéressant;
car il étoit évident que je parviendrois à mon
but en employant un acétate de plomb contenant plus d'oxide que celui du commerce,
et en contenant moins que celui qui est lamelleux (1). C'est en effet ce qui eut lieu ; de
sorte que la liqueur filtrée et traitée par l'hydrogène sulfuré, me donna par l'évaporation,
pour résidu, une matière moins amère que la
précédente, toujours âcre et légèrement sucrée. Dans cet état, cette matière n'étoit point
encore pure; elle contenoit encore de l'acétate
de soude en quantité notable, provenant de la
décomposition des sels de soude de la bile par
l'acétate de plomb. Il falloit l'en débarrasser.
Pour cela, je la précipitai par l'acétate de plomb
lamelleux ou sursaturé d'oxide; j'obtins ainsi
une combinaison insoluble d'oxide de plomb

---

(1) Cet acétate étoit formé de 8 parties d'acétate du
commerce et d'une d'oxide de plomb.

et de cette matière, d'où je la retirai en dissolvant le composé dans le vinaigre, en séparant
ensuite le plomb par l'hydrogène sulfuré et en
chassant l'acide par l'évaporation.

Après avoir préparé beaucoup de cette nouvelle substance, que j'appellerai dorénavant
picromel, à cause de sa saveur, il étoit important, pour l'objet que je me proposois, d'en
examiner l'action sur la résine de la bile. Je
reconnus bientôt qu'elle en opéroit facilement
la dissolution. Ensuite, voulant déterminer
combien elle pouvoit en dissoudre, je réunis
les circonstances les plus favorables pour rendre
la combinaison prompte et complette. Je fis
donc dissoudre le mélange des deux matières
dans l'alcool, et ayant évaporé la liqueur, je
traitai le résidu par l'eau; je m'assurai, par ce
moyen, que trois parties de picromel en
dissolvoient à peine complettement une de
résine, et qu'en prenant deux parties de
picromel et une de résine, la dissolution
qui s'opéroit dans très-peu d'eau, se troubloit
en y en ajoutant davantage. Ce nouveau résultat m'embarrassa quelque tems : il ne s'ac-
cordoit point entièrement avec les idées que
je m'étois formées ; car présumant que la bile
contenoit beaucoup de matière résineuse, et

voyant que quelquefois elle étoit à peine troublée par les acides, je me rendis compte de ce
phénomène en attribuant au picromel pour la
matière résineuse une propriété dissolvante beaucoup plus grande que celle dont il jouit réellement. Je n'avois donc plus d'autre hypothèse
à faire pour expliquer cette sorte d'anomalie,
qu'à supposer que les acides ne s'emparoient pas
de toute la soude de la bile, c'est-à-dire que
dans la bile, lors même qu'on y avoit ajouté un
excès d'acide, il y avoit encore de la soude combinée avec la matière résineuse et le picromel.
Je fus ainsi conduit à calciner de l'extrait de bile
acidifié par les acides sulfurique et muriatique;
j'examinai le résidu de cette calcination, et je vis
qu'en effet il contenoit du carbonate de soude,
moins cependant que celui de l'extrait de bile
pure. Alors je mêlai avec le picromel, la résine
et la matière jaune, qui se trouvent dans la bile,
autant de soude que cette liqueur en contient,
et j'en formai une entièrement semblable à celle
de la vésicule du fiel. Par conséquent la bile est
un composé d'eau, de résine, de picromel, de
matière jaune, de soude, de sel marin, de sulfate de soude, de phosphate de chaux, de phosphate de soude, et d'oxide de fer.

Ce n'étoit point assez d'avoir déterminé la

nature des principes constituans de la bile, il falloit encore en déterminer la proportion, et c'est à quoi je suis parvenu en suivant la marche analytique que je vais décrire.

Je séparai d'abord, par l'acide nitrique, la matière jaune et une très-petite quantité de matière résineuse; celle-ci étant soluble dans l'alcool, et celle-là ne l'étant pas, il me fut facile d'obtenir le poids de l'une et de l'autre. Je versai ensuite dans la liqueur filtrée de l'acétate de plomb fait avec huit parties d'acétate de plomb du commerce, et une partie de litharge, et j'obtins ainsi un composé insoluble d'oxide de plomb et de résine, d'où je retirai celle-ci par de l'acide nitrique foible sous la forme de glèbes molles et vertes. Puis je fis passer de l'hydrogène sulfuré à travers la liqueur filtrée de nouveau pour en précipiter le plomb; je la fis évaporer jusqu'à siccité; je pesai le résidu, et retranchant de ce poids la quantité approximative d'acétate de soude qui se forme lorsqu'on décompose la bile par l'acétate de plomb, j'eus le poids du picromel. Enfin je déterminai la quantité des différentes matières salines fixes qui existent dans la bile, par le procédé suivant.

J'opérai sur 100 grammes d'extrait qui représentent 800 grammes de bile. Par la calcination,

je les convertis en une matière charboneuse
dont je séparai les sels solubles en les faisant
bouillir avec l'eau, et les corps insolubles,
c'est-à-dire le phosphate de chaux et l'oxide
de fer, en incinérant le résidu. La liqueur filtrée fut ensuite saturée d'acide nitrique à un
degré donné pour déterminer la quantité de
soude qu'elle contenoit : puis ayant trouvé par
des moyens très-simples et qu'il est inutile de
rapporter, celle d'acide sulfurique, phosphorique et muriatique existant dans les sels de
soude que l'esprit-de-vin n'avoit point dissous,
je conclus la quantité de chacun d'eux. Telle
est la série d'expériences que j'ai faites avec
assez de soin pour croire que 800 parties de
bile sont composées à-peu-près de

Eau................	700.	Quelquefois un peu plus.
Matière résineuse.....	24.	
Picromel	60,3.	
Matière jaune........	}	Quantité variable, ici sup- posée égale à 4.
Soude..............	4.	
Phosphate de soude...	2.	
Muriate de soude.....	3,2.	
Sulfate de soude......	0,8.	
Phosphate de chaux...	1,2.	
Oxide de fer........		Quelques traces.
	800	

Jettons maintenant un coup d'œil sur ces dix substances, et examinons sur-tout le rôle que chacune d'elles joue dans les phénomènes que la bile nous présente.

L'eau, la plus abondante de toutes, est le dissolvant général. Le picromel, qui jouit de propriétés particulières, puisque le ferment n'a aucune action sur lui, qu'il se dissout dans l'eau et dans l'alcool, qu'il ne cristallise pas, et qu'il précipite les dissolutions de nitrate de mercure, celles de fer et d'acétate avec excès d'oxide de plomb, forment une combinaison triple soluble avec la soude et la résine, indécomposable par les acides, par les sels alcalins et terrreux, et par beaucoup d'autres corps.

La résine ou la matière grasse doit être regardée comme la cause de l'odeur, et en grande partie de la couleur et de la saveur de la bile. Elle est solide, très-amère et verte quand elle est pure. En la fondant, elle passe au jaune; ce changement de couleur est sur-tout très-sensible lorsqu'on fait évaporer sa dissolution alcoolique. Elle est très-soluble dans l'alcool dont on peut la précipiter par l'eau, très-soluble dans les alcalis dont on peut la précipiter par tous les acides, même par le vinaigre. Quand on en fait bouillir avec de l'eau, et qu'on verse

dans cette eau filtrée un peu d'acide sulfurique,
la disolution se trouble ; ce qui prouve que
l'eau en dissout quelques traces. Les autres acides,
loin de troubler cette dissolution, l'éclaircissent.
Cette observation nous permet d'expliquer pourquoi la bile de bœuf, contenant déja un très-
grand excès d'acide sulfurique, on peut la
troubler plus qu'elle ne l'est, par une nouvelle
quantité d'acide sulfurique ; tandis que l'acide
nitrique tend à faire disparoître le précipité.
Du reste, la résine a beaucoup d'analogie pour
la saveur avec une substance huileuse et des
plus amères, que j'ai obtenue en traitant la soie
par quatre parties d'acide nitrique ; cette substance huileuse qui se précipite sous la forme
de flocons par l'évaporation de la liqueur, n'est
point l'amer dont ont parlé MM. Welter,
Fourcroy et Vauquelin, car elle se fond sur
les charbons, se volatilise et ne s'enflamme pas.
En la recherchant dans le produit de l'action
de l'acide nitrique sur la chair musculaire et
sur quelqu'autres matières animales, produit
où je n'ai pu la découvrir, j'ai fait une observation que je dois rapporter ici.

J'avois employé quatre parties d'acide nitrique
et une de muscles ; après avoir distillé jusqu'à
ce qu'il ne se dégageât plus de gaz azote,

qu'accompagne toujours et dès le commencement même de l'opération, l'acide carbonique,
je versai la liqueur de la cornue dans une
capsule; ayant reconnu qu'elle ne contenoit
ni acide malique, ni acide oxalique, je la saturai de potasse, et par des évaporations successives, je séparai presque tout le nitre. Alors
je précipitai par l'acétate avec excès d'oxide de
plomb, les eaux-mères qui refusoient de cristalliser, et je traitai à chaud par l'acide sulfurique foible le précipité très-abondant et
blanc-jaunâtre qui se forma. J'obtins ainsi une
liqueur brune très-foncée en couleur, qui,
évaporée, me donna une substance insipide,
incristallisable, très-soluble dans l'eau, non
coagulable par les acides, ne rougissant point
la teinture de tournesol, précipitant très-abondamment l'acétate de plomb avec excès d'oxide,
et qui, par une dessication lente dans une
capsule, sur le bain de sable, se décomposoit
tout-à-coup sans prendre feu et se transformoit
en un charbon extrêmement rare : cependant,
dans quelques expériences, cette substance
ainsi obtenue ne se charbonnoit que difficilement; elle étoit sans doute alors moins oxigénée
que la première, et en étoit en quelque sorte
une variété. Dans tous les cas, elle différoit

essentiellement de toutes celles connues jusqu'à
présent, et étoit remarquable par la grande
quantité d'oxigène qu'elle contenoit. Au reste,
la transformation de la fibrine en une substance
nouvelle, n'a rien d'extraordinaire; et si on
examinoit attentivement les résultats de l'action
de l'acide nitrique et des autres acides sur les
autres principes immédiats des animaux, on
feroit beaucoup de découvertes analogues.

Le cinquième des matériaux de la bile, la
matière jaune, regardée aujourd'hui comme
albumineuse, pris par Van-Bochante pour de
la fibrine, paroît s'éloigner de l'une et de
l'autre; c'est cette matière qui rend la bile plus
ou moins putréfiable selon qu'elle y est plus ou
moins abondante; et voilà pourquoi les auteurs
ont tant varié sur la décomposition qu'éprouve
cette liqueur avec le tems; c'est elle aussi qui
est la source des calculs qui s'y forment, tandis
que ceux qui se trouvent dans la vésicule
humaine sont au contraire produits par la
matière résineuse : insoluble par elle-même,
elle se dissout dans la bile par la soude, ou
peut-être par la combinaison triple de la soude,
du picromel et de la matière huileuse; quel
que soit son dissolvant, elle en est précipitée
entièrement par les acides. Nous reviendrons sur

cette matière par la suite. Quant aux sulfate,
muriate et phosphate de soude, au phosphate de
chaux et à l'oxide de fer, ils sont en si petite
quantité dans la bile, qu'ils sont presqu'étrangers à sa composition. Néanmoins la bile est un
des liquides animaux les plus compliqués, et un
de ceux dont toutes les propriétés sont maintenant le mieux connues; sa saveur, tout-à-la-fois
âcre, amère et sucrée, sa viscosité plus ou moins
grande, son action sur la teinture de tournesol
et le syrop de violette, sa putréfaction toujours
plus ou moins lente, ne nous offrent plus rien
qui ne s'accorde avec les principes que nous
lui connoissons. Il en est de même de son
inaltérabilité par l'alcool et par tous les sels
terreux et alcalins. Son indécomposition par
les acides, la noix de galle et l'ébullition, ou
du moins le foible dépôt que ces agens y
forment, s'explique d'une manière aussi facile.
Enfin la cause pour laquelle l'acétate sursaturé
de plomb est presque la seule dissolution métallique qui décompose complettement la bile,
et qui donne un précipité en partie soluble
dans l'acide sulfurique et presqu'entièrement
dans les acides nitrique et muriatique, n'est
pas moins évidente, et nous prouve que c'est
sur-tout à la présence du picromel qu'elle doit

la propriété de dissoudre beaucoup de corps
gras et par conséquent d'agir comme un véritable savon.

La bile, sans doute, peut être le sujet de
beaucoup d'autres recherches toutes plus ou
moins importantes pour la physiologie et la
chimie animale; les variétés qu'elle nous offre
dans les divers genres d'animaux, et qu'une
foule de circonstances et sur-tout une affection
morbifique de l'organe qui la secrète, peuvent
modifier; les concrétions qui s'y forment et qui
varient par leur nature; le picromel, la résine
et la matière jaune qu'on y trouve, sont autant
de points qui doivent exciter un grand intérêt,
et que je me propose d'étudier successivement.
Déja même je puis annoncer des différences
remarquables entre la bile de l'homme et celle
du bœuf, et probablement celle des autres
animaux. Je puis même ajouter que celle de
l'homme n'est pas toujours semblable à elle-
même et devient entièrement insipide et albumineuse, lorsque le foie change de nature et
passe au gras; que probablement cette altération
est commune à celle des autres espèces: mais
ces faits, que je consigne ici, demandent à
être présentés avec plus de détails que je ne
puis le faire aujourd'hui; j'ai besoin sinon

d'acquérir de nouvelles preuves à cet égard, au moins de revoir celles que j'ai acquises ; et lorsqu'elles seront dignes d'être offertes à l'Institut, je m'empresserai de les soumettre à son jugement.

Première Note. On a dit, pag. 37, que pour connoître la quantité de picromel, il falloit connoître celle d'acétate de soude, qui se forme, lorsqu'on décompose la bile par l'acétate de plomb sursaturé d'oxide.

On obtient cette quantité d'acétate de soude en calcinant l'extrait d'une quantité donnée de bile, en en lessivant le résidu, en versant dans la liqueur filtrée de l'acétate de plomb sursaturé d'oxide, en faisant passer de l'hydrogène sulfuré à travers la liqueur filtrée de nouveau, et enfin en faisant évaporer cette liqueur jusqu'à siccité. Le résidu provenant de cette évaporation est le sel cherché.

Seconde Note. Je suis porté à croire que dans la bile de bœuf, la soude est à l'état de sous-carbonate ; car, quand on y verse un acide, et qu'on agite la liqueur dans un flacon, sur-tout en le tenant bouché avec la main, on voit évidemment s'en dégager un gaz. Cela prouve qu'une portion de la soude de la bile, est saturée par l'acide avec lequel on la mêle ; et c'est ce que nous avons déjà dit dans le cours de ce Mémoire.

DEUXIÈME

MÉMOIRE SUR LA BILE;

Par M. Thenard.

Lu à l'Institut le 25 août 1806.

Dans le premier Mémoire que j'ai eu l'honneur de lire à l'Institut, sur la bile, je ne me suis occupé que de l'examen des propriétés de la bile du bœuf. J'ai fait cet examen avec d'autant plus de soin qu'il devoit m'être d'un grand secours pour les recherches que je me proposois de faire sur la bile des autres animaux. Il est même évident que si je n'avois pas suivi cette marche, il m'eût été impossible d'entreprendre ces recherches avec succès; car souvent j'ai été obligé d'opérer sur quelques grammes de bile : et comment alors aurois-je pu, je ne dirai pas en faire l'analyse exacte, mais en reconnoître les principes constituans. Qu'il me soit donc permis, avant d'entrer en matière, de rappeler les matériaux de la bile de bœuf, leurs proportions et les procédés d'analyse qu'on doit

employer pour les séparer, puisque cette connoissance est si utile pour le nouveau travail
que je soumets aujourd'hui à la classe (consultez
à cet égard le Mémoire précédent).

Voyant, par ces résultats, que la bile de bœuf
ne contenoit qu'une très-petite quantité de sels;
sachant d'ailleurs que ces sels ne pouvoient
avoir que très-rarement part aux phénomènes
qu'elle étoit susceptible d'offrir; convaincu,
par beaucoup d'expériences, que tous ces phénomènes dépendoient de la matière jaune, et
sur-tout du composé formé par la résine, le
picromel et la soude, je me suis beaucoup
plus attaché, dans toutes les analyses de bile que
j'ai faites, à rechercher ces quatre matières,
que les sels de soude, le phosphate de chaux,
l'oxide de fer, et autres substances analogues.
Cependant, pour rendre mon travail le plus
complet possible, je n'ai pas négligé cette dernière recherche, lorsque j'ai eu assez de bile
pour pouvoir la faire. Mon but, en multipliant ces analyses, a été non-seulement de
voir quel rapport les diverses biles des animaux
ont ensemble, mais j'ai eu aussi pour objet de
m'éclairer sur la nature et le mode de formation
des calculs qu'on sait se former dans la vésicule
du bœuf et de l'homme, et de prévoir en

même tems la nature et le mode de formation de ceux qui probablement se forment dans la vésicule de beaucoup d'animaux où ils n'ont point encore été observés.

Ce Mémoire se divise donc naturellement en deux parties : dans la première, j'examine la nature de la bile de divers animaux ; et dans la seconde, je recherche la nature et le mode de formation des calculs qui se forment ou qui peuvent se former dans leur vésicule.

PREMIÈRE PARTIE.

De la nature de la bile de divers animaux.

La bile des quadrupèdes suivans, du chien, du mouton, du chat et du veau, ressemble entièrement à la bile de bœuf. Ainsi la couleur en est jaune-verdâtre, et la saveur en est amère. Soumises à l'action de la chaleur, ces quatre espèces de bile s'épaississent peu à peu et se transforment en un extrait légèrement déliquescent, soluble dans l'alcool, répandant d'épaisses vapeurs par la calcination, et offrant pour résidu de la soude, du phosphate de

soude, du muriate et du sulfate de soude, du
phosphate de chaux et de l'oxide de fer. D'une
autre part, les acides n'y produisent qu'un léger
précipité formé, sans doute, de matière jaune
et de quelques traces de résine ; l'acétate de
plomb avec un léger excès d'oxide en précipite
au contraire une assez grande quantité de résine ; et alors, lorsqu'après avoir filtré la liqueur
et en avoir séparé le plomb par l'hydrogène
sulfuré, on l'évapore, on obtient pour résidu
beaucoup de picromel mêlé avec une petite
quantité d'acétate de soude.

J'espérois encore, mais en vain, rencontrer
dans la bile de porc les mêmes principes que
dans la bile de bœuf, et particulièrement du
picromel. Cette sorte de bile n'est véritablement
qu'un savon ; on n'y trouve ni matière albumineuse, ni matière animale, ni picromel ; elle
ne contient que de la résine en très-grande
quantité, de la soude et quelques sels dont je
n'ai point cru devoir rechercher la nature :
aussi est-elle subitement et entièrement décomposée par les acides et même par le vinaigre.

Quoique la bile des oiseaux ait une grande
analogie avec la bile des quadrupèdes, cependant elle en diffère essentiellement sous les
rapports suivans : 1°. elle contient une grande

quantité de matière albumineuse ; 2°. le picromel qu'on en retire n'est pas sensiblement sucré, et est au contraire très-âcre et amer ; 3°. on n'y touve que des atômes de soude ; 4°. l'acétate de plomb du commerce n'en précipite point la résine : du moins telles sont les propriétés que m'ont offertes les biles de poulet, de chapon, de dindon et de canard.

C'est ce qui fait que pour l'analyser, il faut la traiter comme il suit :

A. On la fait évaporer jusqu'à siccité ; on traite le résidu par l'eau, on le filtre et on le lave ; sur le filtre reste l'albumine coagulée et contenant un peu de matière résineuse qui la colore en vert et dont on peut, jusqu'à un certain point, la séparer par l'alcool. A travers le filtre passe une liqueur plus ou moins verte, très-amère, que l'ébullition ne trouble plus, et que les acides ainsi que l'acétate de plomb du commerce ne troublent que légèrement.

B. On verse dans cette liqueur de l'acétate de plomb du commerce, dans lequel on a fait dissoudre le quart de son poids d'oxide, et on en précipite ainsi toute la résine combinée avec l'oxide de plomb sous la forme de flocons

blancs, quelquefois jaunâtres et quelquefois
verdâtres ; on la sépare en traitant ces flocons
à la température ordinaire, par de l'acide
nitrique foible : mais comme, dans cet état, on
peut craindre qu'elle ne contienne un peu
d'oxide de plomb, ce n'est que quand on l'a
purifiée par l'alcool qu'on doit la regarder,
comme parfaitement pure (ce que je dis de
cette résine, il faut le dire de la résine de
toutes les autres biles). Cette résine est très-
amère, tantôt verte, tantôt jaunâtre, selon
qu'elle a été plus ou moins chauffée ; car la
chaleur en change, comme celle de bœuf,
très-facilement la couleur : elle est très-soluble
dans l'alcool, dont on la précipite par l'eau,
et elle se dissout très-abondamment dans les
alcalis : lorsqu'on en fait bouillir dans l'eau,
même en petite quantité, celle-ci reste toujours
opaque ; si on y ajoute un peu de picromel, elle
devient au contraire tout de suite limpide.

C. Lorsque la résine est précipitée par l'acétate de plomb, comme on vient de le dire (*B*),
on trouve le picromel dans la liqueur filtrée, si
toutefois on n'a point trop employé d'acétate
pour cette précipitation (*B*) ; car ce sel est susceptible d'opérer la précipitation du picromel, après

avoir opéré celle de la résine . Pour prévenir cet
inconvénient , il faut absolument ne verser
l'acétate que peu à peu dans la liqueur (B) , et
essayer de tems en tems les dépôts : tant qu'ils
ne se dissoudront pas entièrement dans l'acide
nitrique , c'est une preuve que toute la résine
ne sera pas séparée ; mais quand le contraire
aura lieu , on sera certain qu'elle le sera toute
entière , et que déja même on commencera à
précipiter du picromel. Dans tous ces essais, les
dépôts doivent être bien lavés, puisque sans cela,
étant imprégnés de picromel , lorsqu'on les
traiteroit par l'acide nitrique , la résine pourroit
se dissoudre au moins en partie, et qu'elle s'y
dissoudroit en totalité, si on ne les séparoit
pas des liquides dans lesquels on les a formés.

Tout cela étant fait, il ne s'agit plus que de
faire passer de l'hydrogène sulfuré à travers la
liqueur pour décomposer l'acétate acide de
plomb qui s'y trouve , de la filtrer et de la
faire évaporer pour obtenir le picromel pur.

Quant à la soude, on la retire comme celle
de la bile de bœuf, par la calcination ; mais
quoique la bile de bœuf n'en contienne que
très-peu , elle en contient pourtant beaucoup
plus encore que celle des oiseaux.

Il entroit aussi dans mon plan de recher-

ches, d'analyser la bile de quelques poissons
et de quelques reptiles ; mais jusqu'à présent
je n'ai point encore pu terminer cette partie
de mon travail. Je sais seulement que la bile
de raie et celle de saumon, sont d'un blanc-
jaunâtre ; qu'elles donnent, par l'évaporation,
une matière très-sucrée et légèrement âcre, et
qu'elles ne paroissent point contenir de résine ;
que celle de carpe et d'anguille est très-verte,
très-amère, non ou peu albumineuse, et qu'on
peut en retirer de la soude, de la résine et une
matière sucrée et âcre, semblable à celle qui
forme la bile de raie et de saumon. Cette
matière âcre et sucrée est - elle véritablement
du picromel ? c'est très-probable, et c'est ce
que j'examinerai dans un autre Mémoire, où
je présenterai de nouvelles analyses de bile,
et particulièrement de biles de poissons et de
reptiles.

Après avoir ainsi étudié la bile de quelques
animaux appartenant à la classe des poissons,
des oiseaux et des quadrupèdes, je me suis
proposé d'étudier celle de l'homme. Déja plusieurs observations ne me permettoient guères
de douter qu'elle n'en différoit sous beaucoup
de rapports : et en effet, je me convainquis
bientôt qu'elle jouissoit de propriétés physiques

et chimiques qui lui sont propres. J'aurois bien voulu pouvoir faire mes expériences sur de la bile provenant d'individus vivans (il est , comme on le sait , des personnes qui en rendent de tems en tems sans le secours d'aucun vomitif , des quantités considérables) ; et pourtant quelque chose que j'aie faite , il m'a été impossible d'en rencontrer. Je n'ai donc analysé que de la bile de cadavre ; mais comme , d'une part , ces cadavres étoient frais , et que de l'autre , j'ai toujours obtenu , d'analyses très-multipliées , des résultats identiques , je pense avoir une connoissance tout aussi exacte de la bile humaine , que de la bile de bœuf même , qui est celle que j'ai le plus étudiée.

La bile humaine varie en couleur ; tantôt elle est verte , presque toujours brune-jaunâtre , quelquefois presque sans couleur. La saveur n'en est pas très-amère. Il est rare que, dans la vésicule , elle soit d'une limpidité parfaite ; elle contient souvent , comme celle de bœuf , une certaine quantité de matière jaune en suspension ; par fois , cette matière est en assez grande quantité pour rendre la bile comme grumeleuse. Filtrée et soumise à l'ébullition , elle se trouble fortement et répand l'odeur de blanc d'œuf. Si on l'évapore jusqu'à siccité , il en résulte un extrait brun égal en poids à la 11e. partie de la bile employée. En calcinant 100 parties de cet extrait, on en retire tous les sels qu'on trouve dans la bile de bœuf; savoir, de la soude, du muriate, du sulfate, du phosphate de soude, du phosphate de chaux et de l'oxide de fer, et on en détermine la quantité comme il a été dit en parlant de ceux de la bile de bœuf.

Tous les acides décomposent la bile humaine et y déterminent un précipité abondant d'albumine et de résine qu'on sépare l'une de l'autre par l'alcool. Il ne faut qu'un gramme d'acide nitrique à 25° pour en saturer 100 de bile.

Enfin, lorsqu'on verse de l'acétate de plomb du commerce dans la bile humaine, on la transforme en une liqueur légèrement jaune, dans laquelle on ne trouve point de picromel, et qui ne contient que de l'acétate de soude et quelques traces de matière animale que je n'ai pu reconnoître. Ces expériences, et d'autres que je ne rapporte pas, me prouvant que la bile humaine ne contient, outre les différens sels dont il vient d'être question, que de la matière jaune, de l'albumine et de la résine, j'ai cru devoir, pour déterminer les proportions

de ces trois substances, suivre la marche analytique que je vais décrire.

A. La matière jaune étant insoluble par
elle-même, et nageant dans la bile qu'elle
trouble, je l'en séparai en étendant la bile
d'eau et la décantant, lorsqu'elle fut éclaircie.
Il est probable qu'il n'existe seulement que
des atômes de matière jaune dans la bile elle-
même, puisque le précipité qu'y forment les
acides n'est que résineux et albumineux.

B. La bile ayant été séparée de la matière
jaune, je la fis évaporer jusqu'à siccité ; je
traitai le résidu par l'eau, et j'obtins, sur le
filtre, l'albumine coagulée et colorée par une
petite quantité de résine qu'on peut en partie
dissoudre au moyen d'alcool.

C. Je versai dans la liqueur précédente filtrée, de l'acétate de plomb du commerce, je
précipitai ainsi toute la résine, et je l'obtins en
traitant à froid le précipité par l'acide nitrique
foible : pour l'avoir pure, je la dissolvis dans
l'alcool, et j'évaporai la dissolution alcoolique.

De toutes ces expériences, il résulte que
1100 parties de bile humaine sont composées
d'environ :

Eau.............................. 1000.

Matière jaune insoluble et nageant dans
la bile, quantité très-variable, de.... 2 à 10.

Matière jaune dissoute dans la bile, probablement quelques traces.

Albumine........................... 42.

Résine .... 41.

Soude.............................. 5,6

Phosphate de soude, sulfate, muriate de
soude, phosphate de chaux et oxide de
fer en somme..................... 4,5.

Maintenant, de tous ces corps, examinons
seulement la matière jaune et la substance résineuse; d'une part, parce que ce sont les seuls
parmi les principes constituans de la bile humaine, dont les propriétés ne soient pas bien
connues; et de l'autre, parce que ce sont les
seuls aussi dont la connoissance nous importe
pour le sujet que nous devons traiter dans notre
seconde partie.

La matière jaune est insoluble dans l'eau,
dans les huiles et dans l'alcool, soluble dans
les alcalis dont elle est précipitée en flocons
bruns-verdâtres par les acides; l'acide muriatique ne l'attaque qu'avec peine; il ne la dissout point, ou il en dissout très-peu, mais
il la rend brune-verte : elle est donc entièrement
semblable à la matière jaune de la bile de bœuf.

La substance résineuse est jaunâtre, très-fusible, très-amère, mais moins que celle de bœuf, très-soluble dans l'alcool dont elle est précipitée par l'eau, très-soluble dans les alcalis dont elle est précipitée par les acides; insoluble, pour ainsi dire, dans l'eau, et pourtant s'y dissolvant en quantité suffisante pour que les acides sulfurique, nitrique, y fassent un précipité.

La bile humaine n'est pas sans doute dans toutes les circonstances de la vie, composée comme je viens de le dire. Les maladies du foie doivent sur-tout avoir sur sa nature, la plus grande influence : ainsi quand cet organe passe au gras, la bile qu'il secrète m'a paru être moins résineuse que dans l'état sain; et quand l'affection est tellement avancée, que le foie contient les $\frac{5}{6}$ de son poids de graisse, alors elle n'est réellement la plupart du tems qu'albumineuse : telle est au moins le résultat de six analyses de bile de foies presqu'entièrement gras; l'une de ces biles seulement contenoit encore un peu de résine, et par conséquent étoit encore très-sensiblement amère.

SECONDE PARTIE.

*De la nature et de la formation des calculs
de la vésicule du bœuf et de l'homme.*

Les calculs de la vésicule du bœuf passent
en général pour être formés de bile épaissie,
encore bien qu'ils en contiennent à peine un
centième qui même est évidemment étranger
à leur formation. On ne peut expliquer cette
erreur qu'en admettant que l'analyse de ces
sortes de concrétions n'a jamais été tentée, et
que pour en juger la nature, on n'aura con-
sulté que la saveur qui, par son amertume
légère, pouvoit en imposer.

Quoi qu'il en soit, voici la propriété dont ils
jouissent. Privés par l'eau des traces de bile
interposée entre leurs molécules, ils sont absolument sans saveur et sans odeur; toujours
la couleur en est jaune, depuis le centre
jusqu'à la circonférence, et même assez pure
et assez riche pour être recherchée par quelques peintres, quoiqu'elle ne soit pas solide.

Desséchés autant que possible et soumis à l'action de la chaleur, ils n'éprouvent de changement ou d'altération que lorsque le vase distillatoire commence à rougir. Alors ils se boursoufflent dans quelques-uns de leurs points, et bientôt donnent, en répandant d'épaisses vapeurs, de l'eau, de l'huile, des fluides élastiques, du carbonate d'ammoniaque, et un charbon assez compacte, dont on ne retire néanmoins par une incinération complette, qu'un seizième d'une matière blanche, qui n'est autre chose que du phosphate de chaux.

Exposés à l'air et à la lumière, ils passent peu à peu au brun : cette altération se remarque sur-tout dans quelques peintures où on les a employés.

Quoique l'eau froide ou chaude dans laquelle on a laissé séjourner ces calculs, se teigne en jaune, elle ne donne pas par l'évaporation un résidu égal à la 300e. partie de son poids. Il en est de même de l'alcool et des huiles. Les alcalis caustiques les dissolvent, mais avec peine ; il en résulte une dissolution jaune, qui est précipitée en flocons verts par les acides.

L'acide muriatique bouillant n'en dissout que très-peu et les rend verts : ainsi la substance qui forme les calculs de la vésicule du bœuf,

est homogène et jouit de propriétés qui lui
sont particulières ; elle est absolument la même
que la matière jaune qui se trouve dans la bile
du bœuf et dans la bile de l'homme.

Des calculs de la vésicule humaine.

Les calculs de la vésicule humaine ont été
beaucoup plus examinés que les calculs de la
vésicule du bœuf. Il n'est presque point d'ana-
tomiste qui n'en ait fait le sujet d'observations
physiques ; plusieurs même les ont soumis à
des épreuves chimiques, et nous ont appris
qu'ils entroient en fusion à une basse température, et que les alcalis, les huiles fixes et
les huiles essentielles, en opéroient la dissolution. Néanmoins avant Poulletier de la Salle,
on ne connoissoit point l'un de leurs caractères les plus distinctifs, qui est de se dissoudre
très-abondamment dans l'alcool bouillant, et de
s'en précipiter par le refroidissement sous la
forme de paillettes brillantes. Mais Poulletier
n'ayant donné que peu de suite à la découverte
de ce fait important, il restoit encore beaucoup à faire pour éclaircir l'histoire des calculs
de la vésicule humaine. Il falloit voir s'ils
étoient tous identiques, par conséquent s'ils

étoient tous solubles dans l'esprit-de-vin bouillant, et s'ils pouvoient tous se convertir en
paillettes par le refroidissement de la liqueur ;
il falloit s'assurer sur-tout de quelle nature
étoient ces paillettes : c'est le travail que
M. Fourcroy fit en 1785, avec tous les soins
et toute l'étendue possibles, travail auquel il
ne tarda point à ajouter un nouveau degré
d'intérêt en découvrant, en 1789, que les matières animales passées au gras par la putréfaction, n'étoient presqu'entièrement composées
que d'une matière qui avoit une grande analogie avec celle dont ces calculs eux-mêmes
sont formés.

Si j'ai repris ce travail, c'étoit moins dans
l'espérance de faire quelque remarque nouvelle,
que parce qu'étant lié essentiellement à mon
sujet, il étoit nécessaire que j'en visse par cela
même tous les détails pour ma propre instruc-
tion. Je cherchai donc à me procurer des
calculs de la vésicule humaine, et bientôt
M. Dupuytren, par zèle pour la science, et
par amitié pour moi, en mit à ma disposition
plus de trois cents. Parmi ces trois cents,
dont les uns ont eu pour siége la vésicule,
d'autres les canaux chargés de verser la bile
dans le duodenum, et d'autres le foie, un petit

nombre étoit formé de lames blanches, brillantes et cristallines entièrement adipocireuses ;
beaucoup formés de lames jaunes, contenoient
depuis 88 jusqu'à 94 cent. d'adipocire, et 12
à 6 de la substance qui les coloroit ; quelques-
uns verdis extérieurement par un peu de bile,
étoient du reste jaunes dans l'intérieur et semblables aux précédens ; plusieurs recouverts en
grande partie, au moins, d'une croûte brune-
noirâtre, dans laquelle on ne trouvoit que peu
d'adipocire, étoient intérieurement encore dans
le même cas que ceux-ci ; quelquefois c'étoit
la matière noire qui étoit au centre, et la matière jaune lamelleuse à la partie supérieure ;
deux ou trois enfin étoient depuis le centre
jusqu'à la circonférence, bruns-noirs, sans
aucun point brillant ou cristallin et presque
sans adipocire. Il faut ajouter que dans tous,
excepté dans ceux qui étoient blancs, il y avoit
quelques traces de bile qu'on pouvoit en séparer par l'eau.

Les calculs qu'on trouve quelquefois dans les
intestins de l'homme sont encore semblables à
ceux de la vésicule : du moins j'en ai analysé
deux qui n'en différoient en rien. Tous deux
contenoient beaucoup d'adipocire en lames
grises et jaunes ; l'un de ces calculs m'avoit

été confié par M. Geoffroy , médecin , et je
devois l'autre à M. Canuette , qui l'avoit extrait
lui-même d'une femme de 40 ans, de l'extrémité
du rectum , qu'il osbtruoit complettement.

Concluons donc , avec M. Fourcroy , qu'il
existe des calculs de la vésicule humaine entièrement adipocireux , et que dans presque
tous il se trouve une certaine quantité d'adipocire ; mais observons en même tems que
presque tous aussi contiennent une certaine
quantité d'une matière qui les colore et qui
est tantôt jaune , tantôt brune-noirâtre , que
quelques-uns même en sont presqu'entièrement
formés.

Maintenant, disons un mot de cette matière,
et recherchons ensuite comment on peut concevoir la formation de ces calculs ainsi que
de ceux du bœuf.

Lorsque cette matière est jaune , elle ne paroît
différer en rien de celle qui forme les calculs
du bœuf ; lorsqu'elle est brune-noirâtre , elle
n'est encore autre que celle-ci , mais altérée et
dans laquelle le carbone est prédominant :
du moins est-ce ce qu'il y a de plus probable,
puisque les calculs de bœuf nous offrent une
altération de ce genre ; car ils brunissent avec
le tems , et donnent alors , par la calcination,

plus de charbon et moins d'eau, d'huile, etc.
que dans l'état ordinaire.

De la formation des calculs de la vésicule du bœuf et de l'homme.

Lorsqu'on examine intérieurement les calculs
de la vésicule du bœuf, on voit qu'ils sont composés de couches homogènes souvent très-nom-
breuses, au centre desquelles se trouve pour noyau
un petit corps rond et toujours de la même
nature que les couches elles-mêmes : ainsi ces
calculs sont donc le produit de dépôts qui ont
lieu à différentes époques. Mais comme il est
évident, d'après leur nature, qu'ils ne sont
formés que par le seul principe de la bile, que
nous avons désigné sous le nom de matière
jaune, il faut donc en conclure; 1°. qu'il est des
circonstances dans lesquelles cette matière jaune
peut se précipiter de la bile; 2°. qu'il n'en est
point dans lesquelles la bile peut en abandonner
d'autres. En effet, on sait que la matière jaune
est insoluble par elle-même, et que dans la
bile, elle est tenue en dissolution par la soude,
pour laquelle elle n'a pas une grande affinité;
et si on fait attention que la bile ne contient
que très-peu de soude, dont la majeure partie

est même unie avec le picromel et l'huile ; si, de plus, on remarque qu'elle contient une quantité variable de matière jaune, on concevra aisément que celle-ci pourra quelquefois, par rapport à son dissolvant, s'y trouver en excès et s'y déposer. Enfin, si on observe que dans la bile, outre la matière jaune, il n'y a que la résine qui soit insoluble dans l'eau, et qui partant puisse contribuer à la formation des calculs ; mais que d'une part, cette résine y est tellement combinée avec le picromel et la soude, que les acides même les plus forts ne peuvent l'en séparer, et que de l'autre ces deux derniers corps s'y trouvent dans de tels rapports qu'ils sont loin d'en être saturés, il ne restera plus aucune espèce de doute sur l'exactitude des conséquences précédentes : la formation des calculs biliaires de bœuf est donc très-facile à expliquer.

Celle des calculs de l'homme présente quelques incertitudes ; car dans ceux-ci on rencontre le plus souvent deux matières, la matière jaune et l'adipocire. Or, on conçoit très-bien, à la vérité, le dépôt de la matière jaune dans la bile humaine, puisque cette matière s'y trouve placée dans les mêmes circonstances, et seulement en moindre quantité que dans la bile de bœuf : mais comment concevoir le dépôt

d'adipocire? si l'adipocire étoit un des principes constituans de la bile de l'homme, toute
espèce de difficultés seroit levée ; mais on n'y
en trouve point, pas même dans celle où se
sont formés beaucoup de calculs. Il faut donc
admettre ou que l'adipocire se forme dans le
foie, et qu'elle se dépose aussitôt ou presque
aussitôt sa formation, ou que la résine de la
bile humaine peut passer dans quelques circonstances, à l'état d'adipocire. Dans l'un et
l'autre de ces cas également possibles, on ne
sauroit douter que le noyau de tous les calculs
ne prenne naissance dans les canaux biliaires
et ne soit ensuite entraîné par la bile, quelquefois dans les intestins et le plus souvent
dans la vésicule où ils continuent à s'accroître :
c'est ce qu'attestent le grand nombre qu'en
contient celle-ci, et ceux qu'on rencontre dans
les canaux du foie.

Un de mes grands desirs étoit aussi de soumettre à l'analyse des calculs biliaires de quelques autres animaux, et je regrette bien, faute
d'en avoir pu trouver, de ne pouvoir présenter
que des conjectures sur leur nature : toutefois
ces conjectures acquerront un grand degré de
probabilité, si on observe qu'elles reposent sur
la connoissance exacte des principes constituans

de la bile au sein de laquelle ces calculs peuvent prendre naissance. Je dirai donc que s'il existe des calculs biliaires dans le chien, dans le chat, dans le mouton, etc. ainsi que dans la plupart des quadrupèdes, il est probable qu'ils sont tous de la nature des calculs du bœuf, puisque la bile de tous ces animaux se ressemble; que pourtant celle du cochon doit faire exception, et j'ajouterai que dans tous les cas, les calculs qui peuvent se former dans la bile des divers animaux, ne doivent ressembler aux calculs adipocireux de l'homme, si ce n'est peut-être ceux des oiseaux, à cause de la petite quantité de soude qu'on reconnoît dans leur bile.

Qu'on réfléchisse maintenant sur ce qu'on a dit de la dissolution des calculs dans la vésicule, et l'on avouera, je pense, qu'on regarde comme bien positif ce qui n'est qu'incertain. Comment croire, en effet, que les calculs de la vésicule du bœuf disparoissent au printems, lorsque ces animaux se nourrissent d'herbes fraîches? on pouvoit admettre cette opinion, lorsqu'on supposoit que ces calculs n'étoient que de la bile épaissie, et encore ne voit-on pas pourquoi ils ne se seroient pas dissous en hiver dans l'eau de la bile : mais maintenant

qu'on sait qu'ils sont formés d'une matière insoluble dans l'eau, et qui résiste pendant longtems à l'action des réactifs les plus forts, si on
ne la rejette point, du moins, est-il bien permis
de la mettre au nombre de celles qui sont peu
fondées ; car on ne peut la soutenir qu'en l'ap-
puyant de l'observation faite par les bouchers,
savoir, de l'absence en été, et de la présence
en hiver de calculs dans la vésicule du bœuf.
Or, doit-on avoir une grande confiance dans
cette observation ? j'en fais plus que douter ;
1°. parce que les bouchers, pour la plupart
au moins, ont l'habitude de ne jamais tâter
les vésicules des bœufs, en été; 2°. parce que,
de leur aveu, ces calculs sont très-rares en hiver;
et enfin, parce qu'il m'est arrivé d'en trouver
deux en été dans deux vésicules différentes. Il
me semble donc que tout ce qu'on peut dire
de plus raisonnable à cet égard, c'est qu'il s'en
forme peut-être moins en été qu'en hiver.

La dissolution des calculs dans la vésicule
humaine par l'éther uni à l'huile essentielle de
thérébentine ne doit pas paroître plus vraisemblable que celle des calculs du bœuf qu'on
nourrit d'herbes fraîches, si on considère qu'à
la température de 32°, l'éther doit se séparer
en grande partie de l'huile essentielle et se

volatiliser ; que d'ailleurs on ne peut prendre cette mixtion qu'en petite quantité, et que quand bien même on la prendroit à forte dose, il ne sauroit en arriver jusqu'à la vésicule, ou qu'il en arriveroit si peu que l'action dissolvante seroit nulle. Cependant il paroît, d'après l'observation de M. Guyton, que l'huile de thérébentine éthérée plus d'une fois a fait disparoître tous ceux qui se trouvoient dans ce viscère ; mais n'est-ce point en favorisant le transport de la pierre dans les intestins ? Ce qui tend à le faire croire, c'est que M. Guyton a remarqué que deux malades guéris par ce remède, avoient rendu de véritables calculs par le bas, quelque tems après en avoir fait usage.

Telles sont les observations que j'ai cru devoir rassembler dans ce Mémoire ; il en résulte.

1°. Que les diverses biles de quadrupèdes que j'ai examinées, celle de porc excepté, sont absolument identiques et formées de dix substances, parmi lesquelles on remarque sur-tout beaucoup de picromel, moins d'huile que de picromel, peu de matière jaune et peu de soude ;

2°. Que la bile de porc n'est autre chose qu'un véritable savon ;

3°. Que la bile des oiseaux est formée de beaucoup d'albumine, d'une très-petite quantité de soude, de résine et de picromel qui est âcre, amer et non sucré ;

4°. Que la bile de raie et de saumon, ne contient qu'une matière sucrée et âcre ;

5°. Que celle de carpe et d'anguille contient aussi une matière sucrée et âcre, et de plus, de la résine, de la soude ;

6°. Que cette matière sucrée et âcre est probablement du picromel ;

7°. Que la bile humaine, qui ne ressemble à aucune des précédentes, est composée d'une assez grande quantité d'albumine, de résine, d'une petite quantité de matière jaune, de soude, de phosphate, sulfate, muriate de soude, de phosphate de chaux et d'oxide de fer ;

8°. Que néanmoins lorsque le foie qui secrète la bile humaine est presqu'entièrement gras, elle change de nature et n'est plus alors, la plupart du tems au moins, qu'albumineuse ;

9°. Que les calculs de la vésicule du bœuf sont tous homogènes et produits par le dépôt successif de matière jaune ;

10°. Qu'il en est de même probablement des calculs de beaucoup d'autres animaux dont la bile ressemble à celle du bœuf ;

11°. Que les calculs biliaires de l'homme sont formés quelquefois d'adipocire pure, souvent de beaucoup d'adipocire, et de peu de matière jaune, rarement de cette matière jaune pure.

12°. Qu'il n'est pas probable que les calculs de la vésicule du bœuf se fondent lorsque ces animaux, au printems, se nourrissent d'herbes fraîches;

13°. Enfin, qu'il n'est pas plus probable qu'un mélange d'huile essentielle de thérébentine et d'éther fonde ceux de la vésicule humaine, et que si ce médicament les fait disparoître de la vésicule, c'est sans doute en en favorisant la sortie et non point en les dissolvant.

MÉMOIRE

SUR LES ÉTHERS;

Par M. Thenard.

Lu à l'Institut le 11 août 1806.

Les éthers sont des liqueurs qu'on obtient en distillant certains acides avec de l'alcool. On en distingue cinq espèces ; l'éther sulfurique , l'éther nitrique , l'éther muriatique , l'éther acétique et l'éther phosphorique , dont les noms sont tirés des acides employés pour les faire. Tous sont , dit-on , remarquables par une facile inflammabilité , par une grande volatilité , et sur-tout par une odeur très-suave. Mais tous ou quelques - uns seulement , sont-ils homogènes ? En quoi diffèrent ceux qui ne le sont pas ? Quelle est la théorie de la formation des uns et des autres ? Ce sont autant de questions dont une seule encore semble résolue. Car , si MM. Fourcroy et Vauquelin nous ont fait connoître ce qui a trait à l'éther sulfurique , les chimistes qui se sont occupés des autres éthers, n'ont pas à beaucoup près été aussi heureux qu'eux dans leurs recherches. On pourroit peut-être même dire que le plus grand nombre de ces recherches, loin d'éclairer l'histoire des éthers nitrique, muriatique, acétique et phosphorique, et sur-tout du premier, n'ont fait souvent que l'obscurcir par l'incertitude où nous ont jettés les conséquences opposées qu'on en a tirées.

C'est ce qui m'a engagé à soumettre ces différens corps à un nouvel examen que je fais dans l'ordre que je vais exposer. 1°. Je traite d'abord de l'éther nitrique; 2°. de l'éther muriatique; 3°. de l'éther acétique; 4°. de l'éther phosphorique. Je recherche ensuite s'il n'y a point des acides autres que ceux-ci et l'acide sulfurique, susceptibles de produire de l'éther; enfin en comparant entre eux tous les résultats auxquels donnent lieu toutes les considérations précédentes, je mets en évidence la diverse réaction des acides sur l'alcool, et je tâche de faire voir pourquoi les uns forment de l'éther, tandis que les autres n'en forment pas.

J'ai été secondé dans mes recherches sur l'éther nitrique, par M. Cluzel le jeune, que l'on ne sauroit trop louer pour le zèle avec

lequel il s'occupe des sciences chimique et
pharmaceutique.

De l'éther nitrique.

Navier, médecin de Châlons (1), est le
premier qui ait fait de l'éther nitrique. Pour
l'obtenir, il mêle deux parties d'acide nitrique
concentré et trois parties d'alcool dans une
forte bouteille de verre de Sèvres, qu'il bouche
bien et qu'il laisse en repos pendant quatre
jours : au bout de ce tems, il en perce le
bouchon pour donner issue aux gaz qui sortent
avec un grand sifflement ; puis il la débouche
entièrement et sépare, par le moyen d'un entonnoir, une couche jaunâtre qui occupe la
partie supérieure de la liqueur, et qu'il regarde
comme l'éther pur.

Beaumé a conseillé, avec raison, de mettre
dans un bain refroidissant la bouteille contenant le mélange (2). Néanmoins, cette expérience étant très-délicate, et n'étant pas sans
danger, à cause de la fracture des vases qui a

(1) Il a communiqué son procédé à l'Académie, en 1742.
(2) Dissertation sur les éthers, par Beaumé.

toujours lieu lorsqu'on ne perce pas le bouchon à tems, on a cherché à remédier à cet inconvénient par différens moyens.

Woulf a proposé de se servir d'un grand matras à très-long col, et d'adapter au col de ce matras un chapiteau dont le bec va se rendre par le moyen d'un long tube dans des ballons communiquant avec plusieurs flacons ; d'introduire l'alcool et l'acide concentré par les tubulures du chapiteau, et de chauffer légèrement le mélange au moyen d'un réchaud que l'on retire lorsque la réaction est décidée.

Bogues, pour éviter la production trop subite des gaz, qui, dans les deux expériences précédentes, est quelquefois telle qu'on a vu plusieurs fois le grand matras de Woulf se briser, conseille d'étendre l'acide d'eau, et de procéder à la distillation à un feu doux dans un appareil ordinaire (1).

Laplanche, dans le même but, distille un mélange de nitre, d'alcool et d'acide sulfurique, ou fait passer la vapeur nitreuse à travers l'alcool concentré (2).

Si nous en croyons Brugnatelli, nous prendrons

---

(1) Dictionnaire de chimie, de Macquer, tom. 2, p. 98.
(2) Syst. des connoissances de chimie, de M. Fourcroy.

1 once de sucre, 3 onces d'alcool et 3 onces d'acide nitreux fumant, comme, donnant par la distillation un excellent éther qui ne rougit pas la teinture de tournesol.

D'après Black, il faut mettre dans un ballon plongé dans de l'eau de neige quelques onces d'acide nitreux fumant; y verser successivement et le long de ses parois un doigt d'eau et un doigt d'alcool; tenir le ballon ouvert, afin que les gaz s'en dégagent à mesure qu'ils se forment, et le couvrir dans cet état pendant 10 à 12 heures. Ce tems écoulé, on trouve l'éther à la partie supérieure de la liqueur (1).

Proust veut qu'on emploie cinq parties d'alcool et quatre parties d'acide nitrique à 35°; qu'on fasse passer à travers l'alcool, les gaz que ce mélange donne au moyen d'une foible chaleur; qu'on sature par la potasse la liqueur alcoolisée qui s'acidifie et s'éthérifie dans cette opération; puis qu'on la distille pour en retirer un éther qui, suivant ses propres expressions, ne fait pas sauter le bouchon (2).

Enfin, tous les codex nous offrent, pour

---

(1) Annales de chimie, tom. 42.
(2) *Idem.*

préparer l'éther nitrique, des recettes qui quelquefois varient, soit pour les proportions d'acide
et d'alcool, soit pour la manière d'opérer.

Si maintenant nous considérons les recherches
faites sur l'éther nitrique, sous un autre point
de vue que celui de sa préparation, nous ci-
terons sur-tout celles de M. Déyeux, celles
du duc d'Ayen, et celles des chimistes hollandais.

M. Déyeux (1) a eu principalement pour
objet, dans son travail, de déterminer à quoi
étoient dues la couleur et la volatilité de l'éther
nitrique : les résultats qu'il a obtenus l'ont conduit à croire; 1° que cette couleur dépendoit
d'une certaine quantité d'huile analogue à l'huile
douce du vin, qu'on pouvoit séparer de l'éther
en le distillant plusieurs fois sur du sucre;
2°. que cette volatilité provenoit d'une grande
quantité de gaz nitreux que contenoit toujours
l'éther de quelque manière qu'il fût préparé,
et dont on parvenoit à le priver en l'agitant
avec l'eau.

Le duc d'Ayen (2) s'est proposé toute autre

_____

(1) Annales de chimie, tom. 22, p. 144.
(2) Dictionnaire de chimie, tom. 2, p. 100.

chose ; il a eu pour but d'analyser le gaz qui
se dégage si abondamment dans la préparation
de l'éther nitrique, et a conclu de ses expériences que ce gaz étoit formé d'éther et de
gaz nitreux. Quant aux chimistes hollandais (1),
ils ont repris le travail du duc d'Ayen, et sont
arrivés aux mêmes conséquences que lui.

On voit donc que tout ce qui a été fait jusqu'ici sur l'éther nitrique, est loin de faire
connoître parfaitement son histoire ; on ne sait
rien sur sa nature, rien par conséquent sur
la théorie de sa formation ; on ignore même
par suite du grand nombre de procédés in-
diqués pour le préparer, quel est celui auquel
on doit donner la préférence. D'après cela, la
marche la plus naturelle à suivre pour étudier
l'éther nitrique, étoit de répéter la plus simple
des expériences dans laquelle il se forme, et
d'observer attentivement tous les phénomènes
qu'elle présente.

C'est pourquoi j'ai mis un mélange de 300
grammes d'alcool à 36° et d'acide nitrique à
32° dans une cornue adaptée à un récipient
tubulé pour recueillir les produits liquides et

---

(1) Journal de physique, tom. 5.

gazeux : aussitôt que la température fut légèrement élevée, l'action commença à se manifester, et elle devint bientôt si vive qu'il fallut
pour éviter la fracture des vases, retirer tous
les charbons du fourneau, et même jetter de
l'eau de tems en tems sur la cornue ; ce qui
ralentit l'opération, mais ne l'empêcha pas de
se terminer d'elle-même. Une fois arrêtée, un
nouveau coup de feu ne la fit point reparoître.
Dans tout le cours de l'opération, il se produisit une grande quantité de gaz incolore qui
se dissolvoit en partie dans l'eau dont on se
servoit pour le recueillir ; cependant on en
obtint environ douze litres. On ne trouva
dans le récipient, quoique souvent refroidi,
que 75 grammes d'un liquide éthéré ; et il resta
dans la cornue 384 grammes d'un liquide qui
avait une légère couleur jaune.

J'examinai alors, comme il suit, ces trois
produits, dont la connoissance intime devoit
me conduire évidemment à la solution de la
question que je m'étois proposée.

Examen du produit contenu dans le récipient.

Ce produit qu'on regarde comme l'éther dans
les pharmacies, rougissoit fortement la teinture

et le papier de tournesol ; combiné avec la potasse, il donnoit par la distillation, 1°. une liqueur éthérée ; 2°. une liqueur sensiblement alcoolique ; 3°. de l'eau, et pour résidu du nitrite et de l'acétate de potasse : d'où il m'a semblé qu'on pouvoit le croire composé d'eau, d'alcool, d'éther, d'acide nitreux, et d'acide acétique.

Examen du produit gazeux.

Le gaz dont ce produit est formé, est incolore et a une odeur éthérée bien plus forte que ce que dans les pharmacies on regarde comme l'éther même ; il s'enflamme par l'approche d'un corps en combustion, et donne naissance à un corps irritant, piquant, désagréable à respirer ; mis en contact avec l'air et le gaz oxigène, il se colore à peine en rouge ; il ne précipite que très-foiblement l'eau de chaux, l'eau de barite, l'eau de strontiane ; il rougit très-fortement la teinture de tournesol ; il se dissout promptement et presque complettement dans l'eau, et n'offre qu'un résidu de quelques centièmes formé d'azote et de gaz nitreux ; enfin, lorsqu'on le fait passer à travers trois ou quatre flacons vides et entourés d'un mélange de glace et de muriate de chaux,

il diminue beaucoup de volume , et beaucoup
d'éther s'en dépose : et si on l'examine dans cet
état, on trouve, 1°. qu'il est moins suave qu'il
n'étoit d'abord ; 2°. que quand on y plonge une
bougie, au lieu de brûler couche par couche,
comme auparavant , il brûle presqu'instantanément , ou à la manière du gaz hydrogène
mêlé avec un peu d'oxigène ; 3°. qu'en l'agitant
pendant cinq à six minutes avec une quantité
d'eau égale environ au cinquième de son volume, il se fait une absorption très-remarquable,
et que la portion qui ne se dissout pas et qui est
assez considérable, jouit de la propriété de se
dissoudre en très-grande partie dans une nouvelle quantité d'eau, d'entretenir la combustion,
et même de l'augmenter.

Ainsi, puisque ce gaz ne rougit que légèrement avec le gaz oxigène, puisqu'il ne précipite que légèrement l'eau de chaux, etc. ; puisqu'il rougit le papier de tournesol avec beaucoup
d'énergie; qu'il est presqu'entièrement soluble
dans l'eau , et que la portion qui ne s'y dissout
pas est du gaz nitreux et du gaz azote ; puisqu'il
a une forte odeur éthérée ; puisqu'en le soumettant à l'action d'un grand froid , il s'en
dépose de l'éther , et qu'en l'agitant ensuite avec
de l'eau on en retire une assez grande quantité

de gaz, qui nous présente tous les caractères
de celui qu'on obtient du nitrate d'ammoniaque
par la distillation, on doit conclure qu'il contient, 1°. un peu de gaz azote, de gaz nitreux
et de gaz acide carbonique; 2°. beaucoup
d'éther et de gaz oxide d'azote; 3°. une certaine quantité d'un acide dont il doit être
maintenant question.

Cet acide est de deux sortes; on y trouve
de l'acide nitreux et de l'acide acétique : mais
ces acides y sont tellement combinés avec l'éther,
qu'on ne peut point ou qu'on ne peut que difficilement les en séparer directement par les
alcalis. En effet, j'ai fait passer, dans trois
expériences différentes, le gaz éthéré provenant
de 100 grammes d'acide nitrique et de 100
grammes d'alcool, à travers 1°. un lait de chaux,
2°. une dissolution de barite, 3°. une dissolution de potasse très-caustique : pour que les
résultats de chacune de ces expériences fussent
plus purs, le gaz, avant de traverser l'alcali,
traversoit toujours une couche d'eau assez
épaisse, et toujours en sortant de l'alcali, il étoit
presque aussi acide qu'en y entrant. Aussi l'alcali ne paroissoit-il lui enlever qu'un peu d'acide
carbonique, et tout au plus des traces d'acides
nitreux et acétique. Lorsque ces expériences se

font à la température ordinaire, on n'observe
rien de plus que ce que je viens de dire:
mais lorsqu'elles ont lieu à une température
de 60°., l'alcali semble réagir sur l'éther lui-
même; et alors la liqueur alcaline devient
brune, même noire, et répand une odeur désagréable, qui a quelque chose de celle de la
punaise: néanmoins il ne peut, dans cette circonstance, y avoir que très-peu d'éther décomposé, puisque le gaz qui passe est toujours
très-abondant, très-éthéré, très-acide.

On obtient encore des résultats analogues à
ceux-ci, en mettant en contact sur le mercure,
de l'alcali très-concentré, avec du gaz éthéré;
dans ce cas, comme dans les précédens, ce
gaz ne se désacidifie qu'avec la plus grande
difficulté, même en multipliant le plus possible
les points de contact. On ne peut donc point
par ces divers moyens prouver l'existence des
acides nitreux et acétique dans le gaz éthéré;
ce n'est qu'en dissolvant d'abord ce gaz dans
l'alcool, et ensuite en traitant cette dissolution
par la chaux qu'on peut acquérir cette preuve.
Comme cette expérience exige quelques précautions, je vais la décrire.

1°. On dégage le gaz éthéré d'une cornue
contenant le mélange d'alcool et d'acide nitrique;

on fait passer le gaz à travers l'eau, puis à travers l'alcool refroidi par de la glace et du sel ; 2°. on agite celui-ci, qui doit avoir une forte odeur éthérée, avec de la chaux en poudre, jusqu'à ce que tout l'acide soit absorbé ; 3°. on décante la liqueur ; on lave le résidu avec un peu d'alcool pour enlever l'éther nitrique, et on le fait sécher à une douce chaleur dans une capsule pour en chasser l'alcool qui pourroit peut-être encore retenir quelque partie éthérée ; 4°. enfin on traite par l'eau ce résidu ainsi séché, et on voit facilement par des expériences ultérieures, que la dissolution aqueuse contient du nitrite et un peu d'acétate de chaux.

Si lorsque le résidu est encore imprégné d'éther, on le traitoit par l'eau, il se feroit à l'instant, comme on le verra par la suite, de l'acide nitreux et acétique : voilà pourquoi il doit être traité par l'alcool avant de l'être par l'eau : cependant, dans ce traitement, on ne doit pas trop employer d'alcool, de crainte de dissoudre le nitrite de chaux.

Ayant ainsi reconnu la nature de tous les corps qui entrent dans la composition du gaz éthéré, je n'ai pas cru devoir faire l'analyse exacte de ce gaz, parce que, d'une part, il varie dans sa composition, et que de l'autre, il renferme plusieurs principes que je n'aurois pas pu isoler parfaitement : je me suis seulement assuré que, depuis environ la moitié jusqu'à la fin de l'opération, la quantité d'éther et de gaz oxide d'azote produite décroissoit, tandis que la quantité d'acide carbonique et de gaz nitreux augmentoit, mais que dans tous les cas, celle-ci, ainsi que la quantité d'azote et d'acides nitreux et acétique, étoit toujours bien moindre que celle-là.

Quoi qu'il en soit, il résultoit de ces divers essais sur le gaz éthéré un moyen très-simple pour me procurer de l'éther nitrique pur ; c'étoit sur-tout ce que je cherchois. Je m'y pris, pour l'exécuter ; de la manière suivante.

Je mis dans une cornue, que je plaçai ensuite sur un fourneau, 5 hectogrammes d'alcool à 35°, et 5 d'acide nitrique à 32 ; au col de la cornue, j'adaptai un tube qui se rendoit dans un flacon long et étroit, rempli à moitié d'eau saturée de sel ; de ce flacon partoit un autre tube qui alloit plonger dans un autre flacon également long et étroit et aussi rempli à moitié d'eau saturée de sel marin ; je fis communiquer ainsi cinq flacons les uns avec les autres, et le dernier portoit un tube recourbé, qui s'engageoit sous des flacons pleins d'eau.

Chaque flacon plongeoit dans une terrine et étoit entouré d'un mélange de glace et de sel marin, que l'on remuoit de tems en tems. L'appareil étant ainsi disposé, et les bouchons entrant avec force dans toutes les tubulures, on mit quelques charbons sous la cornue, et bientôt on vit des bulles s'élever du fond de celle-ci : lorsque la liqueur fut en pleine ébullition, on retira tout le feu du fourneau, et on le refroidit entièrement en l'arrosant d'eau : néanmoins comme l'action alloit toujours en croissant, et que les gaz se dégageoient avec une telle rapidité qu'on craignoit une explosion, on versa de l'eau, et même en assez grande quantité pendant longtems sur la cornue ; on se rendit ainsi maître de l'opération qui se finit d'elle-même.

L'opération étant terminée, on examina les gaz ; et on les trouva semblables à ceux précédemment examinés : ils étoient abondans et sentoient l'éther, mais beaucoup moins que quand ils n'avoient pas été soumis à l'action du froid ; ils contenoient peu d'acide carbonique, peu d'azote, peu de gaz nitreux ; ils étoient acides, ils contenoient beaucoup de gaz oxide, et il étoit facile d'en retirer celui-ci en les mettant pendant quelque tems en contact avec environ la cinquième partie de leur volume d'eau.

Cet examen fait, on déluta l'appareil et on trouva dans la cornue 625 grammes d'un liquide jaunâtre semblable à celui que nous avons examiné précédemment; et dans chacun des cinq flacons une couche d'un liquide jaunâtre, qui étoit plus épaisse dans le premier que dans le second, et ainsi de suite, et qui dans tous surnageoit l'eau salée. On sépara ces couches de l'eau avec un entonnoir : leur poids étoit de 225 grammes. Le liquide dont ils étoient formés avoit une odeur si forte d'éther qu'ils en étoient incommodes; à peine en avoit-on respiré qu'on étoit pour ainsi dire étourdi, et qu'on éprouvoit une grande pesanteur de tête; il étoit extrêmement volatil et même beaucoup plus que le meilleur éther sulfurique : aussi ne mouilloit-il qu'un instant les corps qu'il touchoit, et refroidissoit-il fortement les organes sur lesquels on l'appliquoit; il entroit même en ébullition quand on le versoit sur une partie quelconque du corps; souvent aussi en tenant ouvert entre les mains le flacon qui le renfermoit, il s'échappoit sous la forme de grosses bulles; c'est encore ce que produisoient tous les corps que l'on jettoit dans le flacon, même le sable : d'une autre part, il s'enflammoit avec la plus grande facilité, et brûloit avec une flamme blanche ; il étoit plus léger que l'eau qu'il surnageoit à la manière de l'huile, en exigeoit au moins 48 fois son poids pour s'y dissoudre, et lui communiquoit une odeur frappante de pommes de reinette grise ; il se combinoit en toute proportion avec l'alcool et étoit plus lourd quoique plus volatil que lui ; enfin il rougissoit fortement la teinture et le papier de tournesol, et pourtant il n'avoit point de saveur acide : celle qui lui étoit propre étoit fort piquante, mais d'une nature particulière.

Afin de découvrir la nature de l'acide qui donnoit à cet éther la propriété de rougir, et qui étoit sans doute le même que celui qui se trouvoit dans le gaz éthéré pur, je mis dans un flacon une portion d'éther même avec un grand excès de chaux, et j'agitai ces matières ensemble pendant longtems, pour absorber tout l'acide. Ensuite, je décantai la liqueur qui, distillée, ne me donna aucun résidu : puis j'examinai la matière calcaire qui s'étoit rassemblée au fond du flacon, et je trouvai qu'elle contenoit du nitrite et de l'acétate de chaux. Pour cela, j'observai les précautions indiquées précédemment.

Quoique l'emploi de la chaux soit un moyen très-simple pour désacidifier l'éther nitrique, il exige encore quelques précautions pour être pratiqué : il ne faut verser la chaux dans l'éther que lorsque le flacon qui le contient, est depuis quelque tems dans la glace ; sans cela on en perdroit beaucoup ; de plus, il faut que la chaux soit bien réduite en poudre et assez abondante. Tout cela étant fait et le flacon bien bouché, on l'agite de tems en tems, et de tems en tems aussi au bout d'une heure de contact, on débouche le flacon, mais en le tenant toujours dans la glace ; on prend une goutte d'éther et on voit en l'appliquant sur un papier de tournesol, s'il est encore acide : lorsqu'il ne l'est plus, on le décante et on le conserve dans des flacons dont les bouchons sont bien assujettis.

L'éther ainsi préparé jouit de toutes les propriétés que nous lui avons reconnues précédemment, excepté qu'il n'est point acide ; et de plus, il présente encore celles qui suivent. Aussitôt qu'on le met en contact avec quelques gouttes d'acide nitreux ou d'acide acétique, il les absorbe et forme en tout un corps semblable à ce qu'il est avant son traitement par la chaux ; et si dans cet état on le met sur du mercure en contact avec quelques parties de gaz azote, de gaz nitreux, de gaz acide carbonique, et cinquante au moins de gaz oxide d'azote, il s'y dissout, quintuple environ leur volume à la pression de 0^m,758 et à la température de 21° du therm. cent., les rend acides, et forme enfin un gaz en tout semblable à notre gaz éthéré : à cette même pression et à cette même température, sa tension, déterminée à Arcueil par MM. Berthollet, s'est trouvée être de 0^m,73, tandis que celle du meilleur éther sulfurique, dans les mêmes circonstances, n'est que de 0^m,46 : ainsi plus de doute, l'éther nitrique est un corps liquide à 21° (th. cent.) de température, et à 0^m,76 de pression : mais si cette pression restant la même, la température s'élève un peu, ou si la température restant la même, la pression descend à 0^m,73, dès-lors il prend de suite la forme de gaz.

Mais s'il est facile d'obtenir l'éther non acide par la chaux, il ne tarde pas à le redevenir, soit qu'on le distille, soit qu'on le mette en contact avec l'air, soit qu'on en remplisse des flacons, et qu'on les bouche bien : l'air ne paroît avoir aucune espèce d'influence dans ce résultat : la température seule fait tout ; et dans tous les cas, c'est toujours de l'acide nitreux et de l'acide acétique qui se forment. L'eau paroît encore susceptible de favoriser la formation des acides dans l'éther : aussi quand on agite de l'éther non acide dans de l'eau, il se forme tout de suite beaucoup d'acide dont l'eau s'empare en partie; et si dans la préparation de l'éther nitrique, au lieu de recevoir le gaz éthéré dans de l'eau froide, on le reçoit dans l'eau chaude, il se produit tant d'acide nitreux, que l'intérieur des flacons qui servent de récipient en est rouge, tandis que l'intérieur de la cornue est sans couleur.

Après avoir obtenu de l'éther par le procédé que je viens de décrire, il étoit nécessaire de le soumettre à l'analyse : mais pour cela, il ne falloit avoir aucune espèce de doute sur sa pureté : c'est pourquoi j'en mis 125 gram. dans une cornue que je chauffai doucement, et dont je ne retirai que les 60 grammes qui passèrent en premier lieu, en les condensant dans un ballon avec de la glace et du sel; comme ils étoient devenus acides, je les agitai avec de la chaux; ensuite je les versai dans une petite cornue qui, lorsqu'elle en fut presque remplie, pesoit 8 gr. 5; alors je l'adaptai à l'extrémité d'un tube de porcelaine éprouvé, qui traversoit un fourneau plein de charbon rouge, et qui communiquoit avec trois flacons, ainsi que je vais le rapporter. Un tube de verre long de trois pieds, un peu moins large que le tube de porcelaine, et entouré de glace, établissoit une communication entre ce tube et un premier flacon vide qui plongeoit dans un mélange de glace et de sel; un second tube ordinaire partoit de ce premier flacon, et se rendoit dans un second flacon contenant de l'ammoniaque étendue d'eau, et plongeant comme le premier dans un mélange refroidissant; enfin, de ce second flacon partoit un autre tube qui alloit s'engager sous un flacon renversé et plein d'eau. Aussitôt que la cornue, presque pleine d'éther, fut adaptée au tube de porcelaine, on vit se dégager une grande quantité de bulles qu'on recueillit avec beaucoup de soin ; des vapeurs, en même tems, venoient se condenser dans le premier flacon : comme l'opération se faisoit trop rapidement, quoique la cornue fut à peine à vingt et quelques degrés, on la modéra en jettant un peu d'eau sur celle-ci. Lorsque la liqueur fut à-peu-près réduite à moitié, on retira promptement la cornue et on la pesa; elle avoit perdu 28 gr. 5 décig.; puis on démonta l'appareil, et voici ce qu'on trouva. 1°. Dans le premier flacon, 5 grammes d'un liquide légèrement brun, qui n'étoit autre chose que de l'eau contenant un peu d'acide prussique. 2°. Dans le second, où on avoit mis de l'ammoniaque étendue d'eau, on ne rencontra que de l'acide carbonique qui, précipité par le muriate de chaux, donna un gramme quatre décigrammes de carbonate de chaux, lesquels représentent environ 5 décig. d'acide carbonique. 3°. Dans le tube de porcelaine, il n'y avoit qu'un gramme d'une matière charbonnée noire, presqu'à l'endroit où touchoit l'extrémité du col de la cornue ; enfin on recueillit 22 lit. 5 décil. de gaz, la température supposée 10° (th. cent.), et le baromètre à $0^m,76$ (th. cent.). Pour connoître l'éther, il ne s'agissoit donc plus que de déterminer la nature et la proportion des principes constituáns de ce gaz, et c'est ce que je fis, comme je vais le rapporter. Je vis bientôt, au moyen du gaz oxigène, qu'il contenoit quelques traces de gaz nitreux ; mais il y en avoit si peu que je n'en tiendrai pas compte. Ne pouvant douter qu'il ne contînt aussi de l'azote, puisque celui-ci entroit évidemment dans la composition de l'éther, j'en brûlai à plusieurs reprises dans l'eudiomètre à eau ; et après quelques essais, je trouvai constamment que 200 parties de ce gaz, mêlées avec 190 d'oxigène, donnoient un résidu qui, traité par la potasse, se réduisoit à 32 parties d'azote pur. Lorsque j'employois toute autre proportion de gaz, et qu'après en avoir opéré la combustion, je le traitais par la potasse, j'obtenais toujours un résidu de plus de 32 parties, lequel pouvoit s'enflammer ou répandre des vapeurs avec le phosphore; ainsi ces nouvelles proportions étoient moins bonnes que les précédentes, et celles-ci étoient meilleures que toutes les autres. La quantité d'azote de ce gaz étant déterminée, il falloit en rechercher la quantité de carbone. Pour cela, je suppose qu'on connoisse la proportion des principes constituans de l'acide, supposition qui n'est peut-être point tout-à-fait exacte, mais que faute de meilleure je suis obligé de faire. En conséquence, d'après l'expérience précédente, j'ai introduit dans l'eudiomètre au mercure bien privé de bulles d'air, 56 parties du gaz provenant de l'éther avec 56 parties de gaz oxigène, pour que celui-ci fût légèrement en excès; après avoir bien assujetti l'appareil et enflammé le mélange par l'étincelle électrique, j'ai fait passer avec beaucoup de soin le résidu de la combustion dans la mesure de l'eudiomètre remplie exactement de mercure : ce résidu s'étant trouvé égal à 53 parties, et s'étant réduit, en l'agitant avec la potasse, à 9. part. $\frac{1}{2}$ d'un gaz entretenant la combustion moins bien que l'air, il s'ensuit qu'il contenoit 43. part. $\frac{1}{2}$ d'acide carbonique.

Or comme les gaz recueillis au commencement, au milieu et à la fin de l'opération donnoient tous, en les brûlant dans l'eudiomètre, sur l'eau ou sur le mercure, les quantités d'azote et d'acide carbonique précédentes, ils étoient donc identiques, et par conséquent il devenoit certain que l'éther que j'avois employé étoit homogène, et sur-tout ne contenoit pas d'alcool.

L'éther nitrique contenant beaucoup d'oxigène, il étoit probable qu'il s'en trouvoit une certaine quantité dans nos gaz. Pour le savoir, j'en ai d'abord pris la pesanteur spécifique avec l'excellente balance dont MM. Biot et Arrago se sont servis pour leurs expériences sur la réfraction de la lumière à travers divers fluides. Le baromètre étant à 0^m,76, et le thermomètre centigrade à 10°, un litre pesoit 0 gr. 8930; ce qui donne, pour un décilitre, 0 gr. 08930. Ensuite ayant cherché le rapport d'un décilitre avec les degrés de notre mesure, et ayant trouvé qu'un décilitre en contenoit 490, il en résulte, d'après ce que nous avons dit précédemment, qu'un décilitre de notre gaz contient : azote

78 dég. $\frac{4}{10}$ ou 0 gr. 01939, et acide carbonique 380 dég. $\frac{625}{1000}$ ou 0 gr. 147628, représentant 0 gr. 041336 de carbone ; le poids du litre d'azote étant supposé de 1 gr. 2120, celui du litre d'acide carbonique de 1 gr. 9005, et l'acide carbonique étant supposé formé d'oxigène 72, et carbone 28.

Si nous retranchons maintenant de 0 gr. 0893, poids de notre décilitre de gaz, 0 gr. 060726, somme des poids d'azote et de carbone qu'il contient, il restera 0 gr. 028574 pour l'hydrogène qui y existe et l'oxigène qui peut s'y trouver : or observons que cette quantité 0 gr. 028574 n'a exigé pour se convertir en eau que 0 gr. 024827 d'oxigène, puisqu'il en faut 0 gr. 131119 pour brûler complettement un décilitre de notre gaz, et que de cette combustion il résulte 0 gr. 147628 d'acide carbonique, qui contiennent 0 gr. 106292 d'oxigène. Mais si 0 gr. 028574 d'hydrogène et d'oxigène n'exigent que 0 gr. 024827 d'oxigène pour former un poids d'eau de 0 gr. 053401, cette quantité 0 gr. 028574 est nécessairement composée de 0 gr. 020563 d'oxigène et de 0 gr. 008010 d'hydrogène, ainsi qu'on peut facilement s'en assurer, en admettant que l'oxigène soit à l'hydrogène dans l'eau comme 85 est à 15. Par conséquent notre décilitre de gaz pesant

7

0 gr. 0893 est formé de

Azote.....	0.019390
Carbone...	0.041336
Oxigène ...	0.020563
Hydrogène.	0.008010
	0.089299

Et comme de la distillation de 28 gram. 5 décig.
d'éther, nous avons obtenu 22 lit. 5 décil. de
gaz, pesant 20 gr. 092550 ; 5 gr. d'eau, 5 décig.
d'acide carbonique, 1 gr. de charbon, et 1 gr. 91
de perte, il s'ensuit que ces 28 gr. 5 d'éther,
sont composés de

Azote.....	4.362750
Carbone...	10.440577
Oxigène ...	9.236720
Hydrogène.	2.552295
Perte......	1.91
	28.502342

et que 100 parties d'éther, en partageant la perte
précédente entre l'azote, le carbone, etc., pro-
portionnellement à leur quantité, contiennent

Azote.....	16.41
Carbone...	39.27
Oxigène ...	34.73
Hydrogène.	9.59
	100.00

Examen du résidu de la distillation.

Le liquide jaunâtre formant ce résidu avoit une odeur alcoolique et foiblement éthérée; il étoit assez fortement acide; saturé par l'ammoniaque, il ne précipitoit pas par l'eau de chaux, mais il donnoit, avec l'acétate de plomb, un précipité assez abondant, d'où, par l'acide sulfurique, on ne retiroit aucune espèce d'acide : du moins la liqueur filtrée formoit, en la mêlant avec l'eau de barite, un dépôt dont aucune portion ne se dissolvoit dans l'acide nitrique. Saturé par la potasse et évaporé, ce même liquide jaunâtre se coloroit en brun, s'acidifioit légèrement (l'acide formé étoit du vinaigre), et se tranformoit, en poussant l'évaporation à siccité, en une matière très-noire qui, jettée sur les charbons rouges, se boursoufloit et les faisoit brûler comme le nitre; qui attiroit légèrement l'humidité de l'air; qui étoit presqu'insoluble dans l'alcool; qui, traitée par l'acide sulfurique concentré, de noire qu'elle étoit, devenoit légèrement jaune, en dégageant beaucoup d'un gaz rutilant dont 430 parties, recueillies sous l'eau, étoient composées d'acide carbonique 310, gaz nitreux 67,5, azote 52,5; qui, traitée par l'acide sulfurique étendu d'eau,

ne faisoit pas d'effervescence et restoit noire ;
qui donnoit, par la distillation, une petite
quantité de vinaigre ; enfin qui, dissoute dans
l'eau, donnoit alors par divers sels métalliques,
les sels de plomb, les sels de mercure, et même
par l'eau de chaux et les sels de chaux, des
précipités que je n'ai pas encore examinés. Ce
liquide contenoit donc de l'acide nitrique peut-
être en partie nitreux, de l'acide acétique, de
l'alcool, une matière très-disposée à se charbonner, et de l'eau. Il ne contenoit point d'acide
oxalique, et il ne contenoit pas non plus, ou il
ne contenoit que peu d'acide malique. Je n'y ai
pas trouvé d'autres composés. Il m'a paru que
dans les 384 gramm. qu'il pesoit, il y avoit,
acide nitrique supposé sec 26 gramm., ou acide
tel que je l'ai employé 78 grammes ; alcool
60 grammes, peu d'acide acétique, un peu plus
de cette matière qui se charbonne aisément, et
par conséquent au moins 284 grammes d'eau.

J'ai déterminé la quantité d'alcool ; 1°. en
saturant la liqueur par la chaux et en la distillant jusqu'à ce qu'elle passât sans saveur ; 2°. en
prenant le degré du produit et en en formant
un semblable par la synthèse.

Pour déterminer la quantité d'acide nitrique,
je me suis d'abord assuré que 20 grammes de

potasse exigeoient 40 gram. de l'acide nitrique
dont je me suis servi pour leur saturation, et
qu'il en résultoit 33 gr. 56 de nitre sec ou fondu;
ce qui donne pour 100 parties de nitre 59,5 de
potasse, et 40,5 d'acide nitrique.

M'assurant ensuite que 10 gram. de potasse
également pure exigeoient, pour être saturés,
90 grammes du résidu acide, j'en ai conclu la
quantité approximative d'acide nitrique en tenant compte, autant que possible, de la quantité d'acétate de potasse qui se forme dans cette
opération, et que l'on peut apprécier jusqu'à un
certain point par l'alcool.

Quant à la matière qui se charbonne, je n'ai
point encore trouvé le moyen de l'isoler, et par
conséquent je ne sais combien il s'en trouve
dans le résidu : tout ce que je puis assurer,
c'est qu'elle ne doit pas être abondante. Enfin
j'ai reconnu la quantité approximative d'eau
en retranchant de la somme totale du résidu de
la distillation, les quantités précédentes d'acide
nitrique, d'acide acétique, d'alcool et de matière qui se charbonne.

Si, au lieu de traiter, comme je viens de le
dire, le résidu de la distillation de l'alcool et
de l'acide nitrique, arrivé au point de ne plus
donner d'éther, on le distille lui-même; d'abord

il ne se dégage que très-peu de gaz, sans doute
parce que l'acide nitrique étant très-étendu
d'eau, ne peut réagir que foiblement sur l'alcool qui passe dans le récipient avec de l'eau,
un peu d'acide nitrique et d'acide acétique,
ni sur la matière facile à charbonner qui reste
dans la cornue. Mais aussitôt que la liqueur
commence à se concentrer, alors la réaction
augmentant, les gaz que l'on reconnoît promptement pour être un mélange de gaz azote,
de gaz nitreux et de gaz acide carbonique se
dégagent plus rapidement, mais non point
pourtant très-abondamment; et lorsque la distillation est poussée jusqu'à siccité, il reste une
matière visqueuse très-acide, contenant de
l'acide oxalique, probablement de l'acide malique, peut-être autre chose encore, égale à la 68e.
partie environ du poids d'alcool et d'acide employé; ce qui prouve que, comme nous l'avons
dit tout-à-l'heure, la substance facile à se charbonner n'entre pas pour une grande quantité
dans la composition de notre résidu.

Maintenant que nous connoissons tous les
produits qui se forment quand on distille ensemble de l'acide nitrique et de l'alcool, il est
facile de voir ce qui se passe dans la réaction
de ces deux corps l'un sur l'autre. Il est évident

que l'oxigène de l'acide nitrique se combine
avec une grande partie de l'hydrogène et avec
une très-petite quantité de carbone de l'alcool ;
qu'il résulte de là, 1º. beaucoup d'eau, beaucoup de gaz oxide d'azote, peu d'acide carbonique, peu d'acide nitreux et peu de gaz
nitreux ; 2º. la séparation d'une petite quantité
d'azote et la formation de beaucoup d'éther
nitrique par la combinaison d'une assez grande
quantité des deux principes de l'acide nitrique
avec l'alcool deshydrogéné, et légèrement
décarboné ; 3º. qu'en outre de l'hydrogène et
du carbone de l'alcool, s'unissent encore avec
l'oxigène de l'acide nitrique dans de telles proportions, qu'il se forme un peu d'acide acétique
et une petite quantité d'une matière qui se
charbonne aisément.

Après avoir ainsi examiné tout ce qui a rapport à l'éther nitrique, s'il nous est permis de
revenir un instant sur tous les travaux dont il a
été l'objet, nous verrons de suite, et beaucoup
mieux, je pense, qu'avant cette dissertation, quel
degré d'exactitude ces travaux nous présentent.
Qu'il soit d'abord question des procédés employés pour l'obtenir ; nous traiterons ensuite de
l'analyse du gaz éthéré, des chimistes hollandais.

Il est évident que les procédés qui ont été

publiés sur la préparation de l'éther nitrique, sont tous défectueux. Sans parler du danger dont plusieurs sont inséparables, et du tems qu'ils exigent pour être mis en pratique, je dirai qu'il n'en est aucun qui donne de l'éther pur; que dans la plupart, presque tout l'éther se dégageant sous la forme de gaz, le produit qu'on regarde comme de l'éther n'en contient que peu, et contient au contraire beaucoup d'alcool, d'eau, et une certaine quantité d'acide; que tel est l'éther des pharmaciens, l'éther de Bogues, celui de Woulf, et celui de Brugnatelli, qui, quoiqu'en dise son auteur, doit être acide; que l'un des éthers de Laplanche doit être encore dans ce cas; que l'autre est un mélange de celui-ci et d'éther sulfurique; que malgré la supériorité des procédés de Navier, Black et Proust, sur les précédens, néanmoins l'éther qu'on obtient en les suivant est encore loin d'être pur; que l'éther de Navier et de Black doit contenir beaucoup d'acide et une assez grande quantité d'alcool; tandis que celui de Proust, s'il n'est point acide, est au moins très-alcoolique; enfin que Black et Navier ne retirent pas autant d'éther qu'ils devroient en retirer du mélange qu'ils emploient.

Si maintenant nous examinons tout ce qu'ont

fait les chimistes hollandais sur le gaz éthéré, nous nous convaincrons, du moins je le crois, que quelques-unes de leurs expériences sont inexactes, et que de presque toutes ils tirent des conséquences erronées.

Pour mettre toute la clarté possible dans cette discussion, examinons successivement tous les paragraphes de leur Mémoire, dans lesquels ils s'occupent des propriétés du gaz éthéré.

Ce n'est qu'au troisième paragraphe qu'ils en commencent l'histoire chimique. Ce paragraphe, ainsi que le quatrième, est consacré à la préparation du gaz éthéré et à l'étude de ses propriétés physiques. Je suis d'accord avec eux sur tous les points de ces deux paragraphes, excepté sur ceux-ci : ils prétendent qu'à la fin de l'opération, le gaz qui se dégage est du gaz nitreux ; et moi je crois pouvoir assurer que c'est un mélange de gaz nitreux, de gaz acide carbonique et de gaz azote. Ils ajoutent que le reste de la liqueur, après que tout dégagement de gaz a cessé, n'est presque que de l'acide acétique ; et d'après mes expériences, il ne contient qu'une petite quantité de cet acide.

Leur cinquième paragraphe est relatif à l'action de l'eau, de l'alcool et de la dissolution aqueuse de potasse sur le gaz éthéré. Si nous les en croyons, 1°. l'eau et l'alcool le dissolvent complettement ; 2°. la potasse le dissout pour la plus grande partie, mais dans l'espace de huit jours, au bout desquels on peut l'en dégager par les acides avec toutes ses propriétés primitives. Si je ne me suis pas trompé, l'eau ne le dissout pas complettement ; l'alcool est loin d'en opérer la dissolution complette ; la potasse caustique en absorbe bien une partie, mais ce n'est point la partie éthérée ; c'est probablement l'acide carbonique, l'acide acétique et l'acide nitreux en partie, puisqu'en traitant l'alcali par un acide, il ne s'en dégage qu'un gaz qui éteint les corps en combustion.

Le sixième paragraphe a pour objet la décomposition du gaz par les acides concentrés. Lorsqu'on fait passer du gaz éthéré sur du mercure avec de l'acide sulfurique concentré, disent les auteurs du Mémoire, on voit une petite effervescence se manifester à la surface de l'acide, le gaz est réduit aux trois quarts de son volume, cesse d'être éthéré et inflammable et n'est plus que du gaz nitreux ; d'où ils concluent que le gaz éthéré est formé de trois parties de gaz nitreux et d'une partie éthérée. J'ai répété cette expérience : les résultats en sont exacts, sinon pourtant que le gaz restant est un mélange de 80 parties de gaz nitreux et de 20 d'azote, et non pas du gaz nitreux pur; mais là conséquence ne m'en paroît pas juste. L'éther, dans cette expérience, est évidemment décomposé, car l'odeur éthérée disparoît complettement; et de cette décomposition résulte sans doute de l'eau, du gaz nitreux, le dégagement d'une certaine quantité d'azote, etc. D'ailleurs, si le gaz éthéré étoit formé de trois parties de gaz nitreux et d'une partie d'éther en volume, l'eau, ainsi que je m'en suis assuré en dissolvant de l'éther dans du gaz nitreux, n'en dissoudroit pas le tiers, et pourtant ce gaz s'y dissout presque complettement.

Dans le paragraphe sept, les chimistes hollandais exposent le gaz éthéré à l'action d'une très-haute température; et parce qu'ils en obtiennent du gaz nitreux, ils prétendent confirmer leur conséquence du paragraphe précédent. Mais je tiens pour certain que la plus grande partie du gaz nitreux ainsi obtenu, si toutefois on en obtient autant que le disent les chimistes hollandais, est due à la décomposition de l'éther. Après avoir cru prouver, dans les paragraphes précédens, la présence d'une grande quantité de gaz nitreux dans le gaz éthéré, les chimistes hollandais cherchent dans les suivans à en séparer l'éther, et à établir que le gaz éthéré n'est qu'une combinaison d'éther et de gaz nitreux.

Leur paragraphe huit ne présente rien de remarquable.

Dans le paragraphe neuf, ils s'attachent à démontrer que le gaz éthéré doit nécessairement contenir de l'éther. Ils en citent comme preuve son odeur, qui est tellement éthérée, qu'en effet elle ne peut être due qu'à l'éther lui-même ; de plus ils observent, ainsi qu'on l'avoit déja fait, qu'on obtient beaucoup moins de gaz et beaucoup plus d'éther en exposant au froid le vase qui contient le mélange d'acide et d'alcool. Ils disent même (mais ils vont au-delà de la vérité), que si le froid étoit considérable, on n'obtiendroit pas de fluide élastique. Cependant, comme ils ne peuvent par aucun moyen séparer à l'état liquide l'éther du gaz éthéré, ils n'osent point toujours assurer que l'éther existe dans ce gaz ; et lorsqu'ils en paroissent certains, ils soupçonnent au moins qu'il y est uni avec de l'oxigène, et conçoivent ainsi comment le mercure s'oxide en mettant ce métal en contact avec le gaz éthéré, et en même tems, mais successivement avec les acides sulfurique et muriatique. L'éther, disent-ils dans l'explication qu'ils donnent de ce phénomène, cède son oxigène au gaz nitreux, lorsqu'on fait l'expérience avec l'acide sulfurique ; et lorsqu'on la fait avec l'acide muriatique, il le cède à cet acide lui-même, et dans tous les cas, le mercure se trouve oxidé. Quand bien même nous ne saurions pas que l'oxidation du mercure tient à de l'acide nitreux qui existe dans ce gaz, ou bien qu'elle dépend de l'oxigène, principe constituant de l'éther, qui peut se combiner directement avec ce métal, l'explication des chimistes hollandais me semble trop hypothétique pour être admise.

Dans le paragraphe dix, les chimistes hollandais essaient de composer le gaz éthéré directement en unissant l'éther nitrique avec du gaz nitreux, et ils avouent qu'ils n'ont jamais pu en opérer la combinaison, quoiqu'ils aient laissé ces corps en contact pendant plusieurs jours. Il faut que les chimistes hollandais aient employé de mauvais éther ; car l'éther est si soluble dans le gaz nitreux, ainsi que dans tous les autres gaz, qu'il en quintuple le volume à la température de 21° therm. cent, pression de $0^m.76$.

Malgré cela, les chimistes hollandais ne persistent pas moins dans leur opinion ; ils continuent toujours à regarder le gaz éthéré comme un composé de gaz nitreux et d'éther, et s'efforcent de prouver, dans le paragraphe onze, que le gaz nitreux est expressément nécessaire pour le former. Pour cela, ils distillent un mélange d'une partie d'acide nitrique et de six parties d'alcool sur du zinc; ils obtiennent du gaz oxide d'azote en premier lieu et point de gaz éthéré, et à la fin de l'opération, du gaz nitreux et du gaz éthéré. Il mettent ensuite en contact du gaz éthéré avec du fer humecté, du sulfure de potasse, etc., et dans l'espace de quelques jours, le gaz se trouve changé en gaz oxide d'azote; et l'éther est précipité. En répétant ces expériences, je me suis promptement rendu compte de l'erreur des chimistes hollandais. La première tient à ce qu'on n'obtient de l'éther qu'à la fin de la distillation, lorsqu'on emploie une partie d'acide nitrique contre trois parties d'alcool seulement; et la seconde à ce que l'éther lui-même est décomposé : cette décomposition est sur-tout très-manifeste en faisant passer du gaz éthéré sur le mercure, puis du sulfate de fer peu oxidé et de la potasse; l'oxide change presque tout-à-coup de couleur, devient vert et rouge; après six heures de contact, on ne trouve plus qu'un mélange de gaz oxide d'azote et d'azote.

Enfin les chimistes hollandais, dans leur dernier paragraphe, concluent, de toutes leurs
expériences, que le gaz éthéré est un composé
de gaz nitreux et d'éther; et moi je crois avoir
prouvé qu'il est formé de gaz azote, gaz oxide
d'azote, gaz nitreux, gaz acide nitreux, acide
acétique, acide carbonique et éther.

Résumé des expériences précédentes.

1°. L'éther nitrique est un composé très-
inflammable, très-odorant, produisant sur ceux
qui le respirent une espèce d'étourdissement,
un peu moins léger que l'alcool, soluble presque
en toute proportion dans ce réactif, presque
insoluble dans l'eau, lui communiquant cependant une forte odeur de pommes de reinette
grise, susceptible, sur-tout quand la température est élevée, de se décomposer et de former
de l'acide nitreux et de l'acide acétique, soit
qu'il ait ou qu'il n'ait pas le contact de l'air; plus
susceptible encore d'éprouver ce genre d'altération, quand, outre l'élévation de température,
il est en contact avec l'eau, à tel point qu'il se
développe de suite une vapeur rouge; liquide
à 21° du thermomètre centigrade et à 0^m,76 de
pression, et gazeux quand la température est

un peu plus élevée, la pression restant la même, ou la température ne changeant pas et la pression étant de 0^m,73; capable de se dissoudre dans tous les gaz, et de former, avec le gaz acide nitreux et l'acide acétique, une combinaison si intime, qu'en faisant passer le composé à travers les alcalis les plus concentrés, une petite partie de l'acide est seulement séparée; formé enfin d'azote, d'oxigène, d'hydrogène et de carbone dans le rapport suivant :

Azote.....	16.41
Carbone...	39.27
Oxigène ...	34.73
Hydrogène.	9.59
	100.00

2°. On obtient l'éther nitrique en distillant parties égales d'alcool bien rectifié et d'acide nitrique à 32°. Si on opère sur 1000 grammes de mélange, on retire environ 160 grammes d'éther pur; mais pour cela, il faut faire passer le produit gazeux, qui est très-abondant, à travers cinq à six flacons remplis à moitié d'eau saturée de sel marin, et plongeant dans des mélanges de glace et de sel, ou encore mieux de muriate de chaux; modérer le dégagement souvent trop rapide des gaz en mettant presque continuellement de l'eau froide sur la cornue ; séparer, par une douce chaleur, l'éther du premier flacon de l'alcool et de l'eau qu'il contient ; le réunir à l'éther des autres flacons ; traiter le mélange par la chaux, et au bout de quelques heures, décanter.

3°. Les gaz qui se dégagent dans cette opération sont abondans et composés de beaucoup de gaz oxide d'azote, et de peu de gaz nitreux, azote, acide nitreux, acide acétique, acide carbonique, tenant en dissolution et en véritable combinaison beaucoup d'éther quand ils n'ont point été soumis à l'action du froid, et très-peu d'éther quand le froid qu'ils ont éprouvé a été de 20 à 22° au-dessous de o.

4°. Le résidu de la distillation suspendue au moment où il cesse de se produire de l'éther, forme un peu plus des trois cinquièmes du mélange employé ; il est jaunâtre, acide, alcoolique, et contient de l'acide nitrique supposé sec, de l'alcool, de l'acide acétique, une matière qui se charbonne aisément et de l'eau, environ dans le rapport qui suit : acide nitrique 26, alcool 60, peu d'acide acétique, et peu de matière facile à se charbonner, eau 284.

5°. Lorsqu'au lieu d'arrêter l'opération au moment où il ne se forme plus d'éther, on la continue, pendant longtems il ne se dégage presque plus de gaz, parce que l'acide nitrique est alors trop étendu d'eau pour pouvoir réagir sur l'alcool ou sur la matière facile à charbonner; il passe dans le récipient de l'alcool, de l'eau et un peu d'acide nitrique et d'acide acétique : mais lorsque la liqueur se concentre, alors on obtient une quantité assez remarquable de gaz nitreux, de gaz acide carbonique et d'azote; et il reste au fond de la cornue une matière visqueuse, contenant de l'acide oxalique, sans doute de l'acide malique, et peut-être autre chose encore, dont le poids est égal à la 68e. partie du mélange employé.

6°. Dans la réaction de l'alcool sur l'acide nitrique, l'oxigène de cet acide se combine avec une grande partie de l'hydrogène et avec une très-petite quantité de carbone de l'alcool.

D'un autre côté, une grande quantité d'azote et d'oxigène de l'acide nitrique se combine avec l'alcool deshydrogéné et légèrement décarboné, et de là il résulte beaucoup d'eau, beaucoup de gaz oxide d'azote, beaucoup d'éther, peu de gaz nitreux, d'acide nitreux, d'azote, d'acide carbonique, d'acide acétique, de matière facile à charbonner, qui sont les produits dont la formation a lieu en même tems que celle de l'éther.

DEUXIÈME

MÉMOIRE SUR LES ÉTHERS;

Par M. Thenard.

Lu à l'Institut le 18 février 1807.

De l'éther muriatique.

Après avoir examiné la plupart des phénomènes qui ont des rapports avec l'éther nitrique, et en avoir déduit les conséquences qui en découlent naturellement, je vais, ainsi que je l'ai annoncé dans mon premier Mémoire sur les éthers, examiner l'action de l'acide muriatique sur l'alcool. Moins de chimistes ont fait des recherches sur cet objet, que sur l'éther nitrique; mais presque tous ceux qui s'en sont occupés, sont d'accord pour affirmer que, de quelque manière qu'on fasse agir ces deux corps l'un sur l'autre, ils ne forment point d'éther, et

ne font jamais que se mêler. Macquer a professé
hautement cette opinion dans son Dictionnaire
de chimie ; Rouelle (1) l'a partagée , et plusieurs de leurs contemporains , en la consignant
dans leur écrits , l'ont appuyée de réflexions
nouvelles. Beaumé (2) paroît être le premier
qui en ait soutenu une contraire ; mais , de
son aveu , on obtient si peu d'éther par ce
moyen , que ce n'est que pour répondre à
ceux qui lui nioient la possibilité du fait , qu'il
a publié le procédé qui lui a réussi , et qui
consiste à faire rencontrer dans un récipient,
des vapeurs d'acide concentré et d'alcool rectifié. Beaumé n'a pourtant pas retiré de cette
publication , ce qu'il espéroit ; tous ceux qui
ne pensoient point comme lui , n'ont pas
changé de manière de penser , et c'étoit le plus
grand nombre. Quoiqu'il se soit déja écoulé
bien des années depuis l'époque de cette discussion , on peut dire qu'elle n'est point terminée. Dans les ouvrages les plus récens ,
certains auteurs ont évité d'en parler ; ceux qui

---

(1) Dictionnaire de chimie , de Macquer , art. Ether
marin.

(2) Dissertation sur les éthers , par Beaumé.

en parlent, ne savent quel parti prendre : et s'il est des chimistes pour qui il est démontré qu'on puisse former un véritable éther muriatique avec l'acide muriatique et l'alcool, du moins ils n'ont pas rendu leurs résultats publics.

Cependant, lorsqu'on considère que le muriate d'étain fumant, que le muriate de zinc, et que le muriate d'antimoine volatil, transforment l'alcool en éther ; lorsqu'on considère sur-tout que le muriate d'antimoine opère cette transformation d'autant plus facilement qu'il contient un plus grand excès d'acide, il doit rester peu de doute sur la puissance que peut avoir l'acide muriatique pour éthérifier l'alcool ; par conséquent on doit présumer que si Rouelle, Macquer, et tant d'autres savans respectables, n'ont point réussi à faire ainsi de l'éther, et que si Beaumé n'en a fait ainsi qu'avec peine, même de très-impur, c'est que l'opération se complique de causes inconnues qui en empêchent, qui en retardent ou qui en masquent la formation : il falloit donc pour éclaircir ce point encore obscur de la science, s'attacher à rechercher ces causes. C'est ce que je me suis efforcé de faire, et l'on va voir que mes efforts n'ont point été infructueux.

Ces causes sont de trois sortes. Les unes résident dans l'état sous lequel on présente réciproquement l'un à l'autre, l'alcool et l'acide muriatique; les autres, dans la manière de diriger le feu; et d'autres encore, dans l'état qu'est susceptible d'affecter l'éther muriatique.

1°. En effet, si l'on fait rencontrer l'alcool et l'acide muriatique sous la forme de gaz, ils ne font que se mêler, leur élasticité ne pouvant être vaincue par leur réaction. Aussi, par le procédé de Beaumé, qui est presque semblable à celui-ci, n'obtient-on jamais que des traces d'éther.

2°. Si au lieu de mettre ces corps en contact à l'état gazeux, on les mêle ensemble à l'état liquide, et qu'on en soumette le mélange à une chaleur vive, la prompte raréfaction qu'ils éprouvent, s'oppose encore aux nouvelles combinaisons qu'ils pourroient former; et cependant, si au contraire le degré de chaleur auquel on les expose est foible, ils restent également mêlés sans s'éthérifier. Ce n'est qu'en gardant un juste milieu qu'on réussit dans cette opération.

Voilà pourquoi on ne forme que très-peu d'éther, soit en faisant bouillir brusquement la liqueur, soit en faisant passer du gaz acide muriatique à travers l'alcool le plus concentré.

Mais ce qui a le plus retardé la découverte de l'éther muriatique, c'est que ce corps est le plus souvent à l'état de fluide élastique, et que personne, pas même ceux qui sembloient être sûrs de son existence, n'ont supposé que cela fût, en telle sorte que dans tous leurs essais sur sa formation, ils ont pu perdre, sans s'en appercevoir, la majeure partie de celui qui s'y est réellement produit. Il résulte de ces observations, que pour se procurer l'éther muriatique, il faut opérer comme il suit.

On met dans une cornue capable seulement de contenir le mélange dans sa panse, partie égale en volume d'acide muriatique et d'alcool le plus concentrés possible; on les agite bien pour mettre en contact toutes leurs molécules : cela fait, on jette dans la cornue tout au plus 3 à 4 grains de sable pour éviter les soubre-sauts qui, sans cette précaution, pourroient avoir lieu dans le cours de l'opération; puis on la place à feu nu sur un fourneau ordi-naire au moyen d'un grillage de fil de fer, et on y adapte un tube de Welter qui va se rendre dans un flacon à trois tubulures, double en capacité de la cornue qu'on emploie et à moitié

rempli d'eau, à 20 ou 25°, de manière que
le tube pénètre dans l'eau à la profondeur de
7 à 8 centimètres; ensuite on introduit dans
la seconde tubulure un tube droit de sûreté,
et dans la troisième on en introduit un recourbé qui va s'engager sous des flacons pleins
d'eau, au même degré que la précédente. Lorsque l'appareil est ainsi disposé, on chauffe peu
à peu la cornue; et 20 à 25 minutes après que
le feu est appliqué, on voit des bulles s'élever
de la partie inférieure du liquide, et sur-tout
de la surface des grains de sable. Ces bulles
ne tardent point à se multiplier, et bientôt
alors on obtient du gaz éthéré. Il passe en
même tems de l'acide, de l'alcool et de l'eau,
mais qui restent dans le premier flacon. De
500 grammes d'acide concentré, et d'un volume
d'alcool égal à celui de ces 500 grammes d'acide,
on peut retirer jusqu'à 20 et quelques litres de
gaz éthéré parfaitement pur, et même jusqu'à
30 : mais on en retirera davantage si, lorsque
le dégagement du gaz commence à se ra-
lentir, on mêle de nouvel alcool avec le résidu,
c'est-à-dire, avec la liqueur très-fortement acide
qui reste dans la cornue, et dont le volume
équivaut alors au moins aux deux cinquièmes
du mélange d'où elle provient. Je crois même

que si, par le moyen d'un tube droit plongeant au fond de la cornue et long au moins de six à sept décimètres, on versoit de tems en tems de l'alcool chaud dans celle-ci, la formation du gaz éthéré seroit encore bien plus abondante ; car on conçoit qu'il se volatilise à chaque instant plus d'alcool que d'acide muriatique, et qu'ainsi on rétabliroit entre ces deux corps les proportions primitives qui conviennent plus que toute autre pour le succès de l'opération.

Ce gaz est absolument incolore ; l'odeur en est fortement éthérée, et la saveur sensiblement sucrée. Il n'a aucune espèce d'action ni sur la teinture de tournesol, ni sur le sirop de violette, ni sur l'eau de chaux. Sa pesanteur spécifique, comparée à celle de l'air, est de 2.219 à 18° du thermomètre centigrade, et à $0^m,75$ de pression. A cette même température et à cette même pression, l'eau en dissout son volume. A cette même pression encore, mais à + 11° de température, le gaz éthéré devient liquide. On peut s'en procurer une grande quantité à cet état en se servant d'un appareil semblable à celui qui a été précédemment décrit. Seulement au lieu d'engager le dernier tube sous un flacon plein d'eau, il faut le faire plonger dans une éprouvette longue, étroite, bien sèche et entourée de glace qu'on renouvelle à mesure qu'elle fond.

C'est dans cette éprouvette que le gaz éthéré seul arrive et se liquéfie entièrement; car une fois que les vaisseaux ne contiennent plus d'air, on peut, sans le moindre danger, en supprimer la communication avec l'atmosphère.

Ainsi liquéfié, cet éther est d'une limpidité remarquable : il est, comme à l'état de gaz, sans couleur, sans action sur la teinture de tournesol et sur le sirop de violette : comme à l'état de gaz encore, il a une odeur très-prononcée et une saveur très-distincte qui a quelque chose d'analogue à celle du sucre, et qui est sur-tout remarquable dans l'eau qui en est saturée. Versé sur la main, il entre subitement en ébullition, et y produit un froid considérable. A $+ 5°$ de température (th. cent.) il pèse 874, l'eau pesant 1000. Ainsi, quoiqu'il soit bien plus volatil que l'éther sulfurique, et à plus forte raison que l'alcool, non-seulement il est plus lourd que le premier de ces deux corps, mais même un peu plus que le second. Enfin il ne se congèle point à une température de $- 29°$ (th. cent.).

Jusqu'à présent nous ne voyons dans cet

éther, rien qui ne soit parfaitement d'accord avec ce que nous présentent les autres corps ; ce n'est pour nous qu'un être curieux par sa nouveauté, et sur-tout par la facilité avec laquelle on le gazéifie et on le liquéfie. Etudions-le davantage, et il va nous apparoître comme l'un des composés les plus singuliers qu'on puisse créer... Il ne rougit point la teinture de tournesol la plus affoiblie. A la température ordinaire et dans l'espace de quelques minutes, les alcalis les plus forts n'ont point d'action sur lui ; la dissolution d'argent ne le trouble nullement ; et tout cela, soit qu'on l'emploie à l'état gazeux ou à l'état liquide, ou dissous dans l'eau ; rien, en un mot, ne peut y démontrer la présence d'un acide. Qu'on l'enflamme, et tout-à-coup il s'y développe une si grande quantité d'acide muriatique, que cet acide précipite en masse le nitrate d'argent concentré, qu'il suffoque ceux qui le respirent, et qu'il paroît même dans l'air environnant sous la forme de vapeurs.

L'acide muriatique se forme-t-il dans cette inflammation, comme on est tenté de le croire, ou n'est-il que mis en liberté, ce qui peut être ? Voilà la question qu'il faut essayer de résoudre.

Si l'acide muriatique se forme dans la combustion du gaz éthéré, le radical de cet acide doit exister dans ce gaz, et ce radical provient nécessairement de l'alcool ou de l'acide muriatique lui-même, décomposé par l'alcool, ou, ce qui n'est pas probable, mais ce qui n'est pas impossible, de l'un et de l'autre. Dans le premier cas, on doit, en distillant un mélange d'alcool et d'acide muriatique, retrouver, après la distillation, tout l'acide muriatique qu'on a employé, plus celui qui apparoît dans la combustion du gaz formé.

Dans le second cas, une grande quantité d'acide doit, au contraire, disparoître dans cette distillation; mais en tenant compte de celui qui se développe dans la combustion du gaz formé, cette quantité d'acide, et seulement cette quantité, doit reparoître toute entière. Dans le troisième cas, de cette distillation doit aussi résulter une perte d'acide; mais cette perte doit être plus que compensée par la quantité d'acide que la combustion du gaz formé doit produire. Ainsi, comme de cette distillation dépend la valeur de ces trois hypothèses, on prévoit par cela même que j'ai dû redoubler de soins en la faisant, pour ne pas commettre d'erreur.

Voici d'abord les données de celle que j'ai

exécutée; je parlerai ensuite des résultats que j'ai obtenus.

J'opérai sur 450 gr. 937 d'acide, et sur un volume d'alcool égal à celui de ces 450,937 d'acide. La pesanteur spécifique de cet acide étoit de 11,349, et celle de l'alcool 819 à 5° de température therm. cent. Toutes ces pesanteurs spécifiques, et celles que j'ai déja rapportées, ont été prises à Arcueil avec le plus grand soin, par M. Berthollet le fils.

L'appareil dont je me suis servi étoit semblable à celui dont il a déja été question plusieurs fois; ainsi un tube de sûreté partoit de la cornue où étoit le mélange, et plongeoit dans l'eau que contenoit un flacon à plusieurs tubulures; et de ce flacon partoit un autre tube de sûreté qui s'engageoit dans une terrine sous des goulots renversés, et soutenus par un têt troué dans son milieu. Les tubes étoient tellement adaptés aux bouchons, et les bouchons l'étoient tellement aux tubulures des vases, qu'on auroit pu se passer de lut; cependant, pour plus de sûreté, on les en recouvrit. La température fut maintenue constamment à $+ 21°$ pendant toute la durée de l'expérience; et pendant tout ce tems, le baromètre n'éprouva que de légères variations, et se soutint à $0^m,745$. On

recueillit tous les gaz, même l'air des vaisseaux
dont on tint compte, et on se servit toujours
pour les recueillir, de la même eau, dont le
volume pouvoit être égal à deux litres. Cette
expérience, qui dura plus de sept heures, étant
terminée, on trouva, 1°. que l'eau du premier
flacon contenoit tout l'acide qui s'étoit volatilisé,
et qu'elle ne contenoit point de gaz éthéré,
et que celle de la terrine étoit saturée de gaz
et n'offroit aucune trace d'acide; 2°. qu'y compris le gaz que cette eau avoit pu dissoudre,
et qu'on estima en l'en dégageant par l'ébullition et en le recevant dans d'autre eau très-
chaude, il s'en étoit produit 23 litres; 3°. que
sur les 450 gr. 937 d'acide employé, 122,288
d'acide avoient disparu, puisque ce qui s'en
trouvoit tant dans la cornue que dans le flacon
tubulé, dans les tubes et dans les bouchons, ne
neutralisoit que la quantité d'alcali qui pouvoit
être rendue neutre par 328,649 d'un acide en
tout semblable à celui sur lequel on avoit opéré.
Par conséquent notre première hypothèse est
fausse, puisqu'il est démontré que, quand bien
même le radical de l'acide muriatique existeroit
dans le gaz éthéré, ce radical proviendroit,
non point uniquement de l'alcool, mais bien
ou de l'acide muriatique seul, ou de l'acide

muriatique et de l'alcool. Voyons s'il provient de l'acide muriatique seul, ainsi que nous l'avons supposé dans notre seconde hypothèse ; mais alors il y a deux manières de concevoir le phénomène : ou l'acide muriatique aura été décomposé par l'alcool, de manière que son radical, sans son autre principe, se trouve dans le gaz éthéré ; ou cette décomposition aura été telle, que tous les principes de l'acide muriatique se trouveront dans le gaz éthéré, non point réunis, non point formant de l'acide muriatique, mais combinés avec les principes de l'alcool, mais dans le même état où se trouvent l'hydrogène, l'oxigène, le carbone et l'azote dans les matières végétales et animales. Or si le radical de l'acide muriatique existe seul, sans l'autre principe de l'acide muriatique dans le gaz éthéré, on doit, en décomposant le gaz dans un tube rouge de feu et privé du contact de l'air, ne point obtenir d'acide, ou en obtenir moins qu'il n'en a disparu dans l'expérience qui l'a produit ; et si ce gaz contient non-seulement le radical de l'acide muriatique, mais encore son autre principe, comme les principes de cet acide, quels qu'ils soient, ont une grande tendance à se combiner, on conçoit qu'en détruisant le gaz éthéré par le feu sans le contact de l'air, on

obtiendra probablement toute la quantité d'acide
muriatique qui aura disparu dans l'expérience
d'où on l'aura retiré. Il étoit donc de la plus
grande importance d'opérer cette décomposition en vaisseaux clos. Après plusieurs essais,
voici comme je m'y suis pris pour la faire. Je
pris un tube de verre de près de deux centimètres de diamètre, de 7 à 8 décimètres de
longueur, courbé à angle droit à ses deux
bouts, et luté presque jusqu'à ses courbures.
Je le fis passer à travers un fourneau d'environ
4 décimètres de diamètre, dont j'avois relevé
la grille de manière qu'il y avoit à peine 25 millimètres entre cette grille et une barre plate
de fer qui soutenoit le tube, pour qu'il ne
s'affaissât point dans le cours de l'opération.
J'adaptai la branche la plus courte de ce tube
à l'une des tubulures d'un flacon d'une capacité
de trois litres au moins, dans lequel je mis
environ 1500 grammes d'eau; à la seconde
tubulure, j'ajustai un tube droit de sûreté, et
à la troisième, un tube à boule ou de Welter
plongeant, par l'une de ses branches, dans l'eau
du flacon, et communiquant par l'autre avec
une cornue tubulée d'environ deux litres, bien
assise à feu nu sur un petit fourneau par le
moyen de gros fil de fer; d'une autre part, je

fis rendre l'autre branche du tube luté au fond
d'un flacon aussi grand, et contenant à-peu-près
la même quantité d'eau que le premier. Ce flacon
étoit suivi d'un autre contenant une quantité
donnée de dissolution de potasse dans laquelle
plongeoit le plus possible le tube qui les réunis-
soit, et de celui-ci partoit le tube qui s'engageoit
dans une terrine sous des flacons renversés. Je
n'ai pas besoin de dire que toutes les précautions étoient prises pour que l'appareil ne perdît
pas. Lorsqu'il fut dans cet état, je chassai l'air
des vaisseaux au moyen d'un courant d'acide
carbonique que j'y portai par la tubulure de
la cornue, et que je produisis par la réaction de
l'acide nitrique sur le marbre. Sans cela il y
auroit eu au commencement de l'expérience
une forte détonation qui auroit brisé le tube,
ainsi que les vases qui le précédoient. Ensuite
j'introduisis dans la cornue, par la tubulure,
avec quelques grains de sable, 900 grammes
d'acide concentré, bien mêlé d'avance avec son
volume d'alcool rectifié. Je lavai bien avec de
l'alcool les parois du flacon qui contenoit le
mélange, et je réunis cet alcool au mélange lui-
même. Enfin après avoir bouché exactement
cette tubulure, et en avoir assujetti le bouchon
avec du lut et du parchemin, je mis le feu sous

I.

9

la cornue et autour du tube. Ce tube étoit tellement chauffé, que la partie inférieure et les parties latérales seules en étoient rouges ; de cette manière il a parfaitement résisté pendant toute l'opération , qui a été de neuf heures. Pendant tout ce tems , la liqueur du premier flacon s'est accrue de l'eau, de l'acide et de l'alcool qui se volatilisoient ; du gaz éthéré arrivoit dans le tube rouge, mais constamment je n'ai recueilli à l'extrémité de l'appareil qu'un gaz fétide assez abondant, brûlant difficilement avec une flamme blanche et comme huileuse, et ne déposant dans sa combustion aucune trace d'acide muriatique ; donc tout le gaz éthéré étoit complettement décomposé : c'étoit ce que j'avois prévu et ce que je desirois.

    L'opération une fois terminée, je m'empressai de déluter l'appareil, et voici ce que j'observai : non-seulement la liqueur du premier flacon étoit très-acide, mais celle du second l'étoit aussi très-fortement. Il étoit même arrivé de l'acide jusque dans le troisième flacon, car la potasse qu'il contenoit étoit en partie saturée ; l'eau de la terrine n'en contenoit point. Il ne s'agissoit plus alors que de savoir si l'acide qui avoit disparu dans la cornue par la formation du gaz éthéré, se retrouvoit dans le second et le

troisième flacon par l'effet de la décomposition
que ce gaz avoit éprouvée dans le tube rouge.
Pour cela, on réunit la liqueur de la cornue à
celle du premier et du deuxième flacon, on lava
avec un soin scrupuleux tous les vases et tous
les tubes, on ajouta toutes ces eaux de lavage à
la liqueur précédente, et on y jetta aussi tous les
bouchons qui pouvoient être légèrement acides.
Alors on commença à neutraliser ce mélange
en y versant la potasse du troisième flacon, et
on acheva de le porter à l'état neutre par une
quantité d'ammoniaque déterminée. Cela fait,
on prit rigoureusement la même quantité de
potasse et d'ammoniaque employées dans cette
neutralisation, on les mêla, et la liqueur alcaline
qui en résulta ne put être neutralisée que par
896 grammes d'acide, c'est-à-dire qu'elle exigea
pour cela sensiblement la même quantité d'acide
que celle que nous avions mêlée dans la cornue
avec l'alcool : bien entendu que des deux côtés
les alcalis et les acides étoient complettement
identiques ; et même pour éviter toute erreur,
aussitôt que l'un étoit mesuré, tout de suite on
mesuroit l'autre.

Ainsi, de toutes les hypothèses que nous
avons faites jusqu'ici, il n'en est qu'une admis-
sible ; c'est celle dans laquelle on conçoit que

les élémens de l'acide muriatique existent dans
le gaz éthéré, combinés avec ceux de l'alcool,
de la même manière que les élémens de l'eau,
de l'acide carbonique et de l'ammoniaque, etc.,
existent dans les matières végétales et animales.

Mais si maintenant nous supposons que
l'acide muriatique soit un être simple, ou si en
admettant qu'il soit composé, nous supposons
qu'il n'éprouve aucune espèce de décomposition
dans la formation de l'éther muriatique, alors
il faut nécessairement regarder le gaz éthéré
comme formé d'acide muriatique et d'alcool,
ou d'un corps provenant de la décomposition
de l'alcool (car l'alcool est peut-être décomposé
lorsqu'on le distille avec l'acide muriatique;
au reste c'est ce que nous verrons facilement
plus tard).

Dans tous les cas, la question est donc ra-
menée à choisir entre ces trois hypothèses;
discutons-en la valeur autant qu'il nous sera
possible.

Les deux dernières nous présentent des phénomènes très-difficiles à expliquer. En effet, il
faudroit supposer que l'alcool ou le corps qui
le représente, agit sur l'acide muriatique avec
bien plus d'énergie que l'alcali le plus fort,
puisque cet alcali ne peut pas le lui enlever,

et que, comme je le démontrerai par la suite, le muriate de potasse contient bien moins d'acide que le gaz éthéré.

Dans la première, tout se trouve au contraire naturellement expliqué ; on conçoit comment le gaz éthéré ne rougit point la teinture de tournesol ; comment les alcalis ne l'altèrent pas, comment le nitrate d'argent n'y produit aucun précipité, comment en l'enflammant il s'y produit une si grande quantité d'acide muriatique que cet acide paroît dans l'air environnant sous la forme de vapeurs ; tout se concilie en un mot avec ce que nous présentent les autres corps.

Quoi qu'il en soit, je suis loin d'admettre absolument l'une et de rejetter absolument les autres ; toutes méritent d'être suivies. Il faut, en marchant dans celles-ci, chercher à extraire, par tous les moyens possibles, l'acide muriatique du gaz éthéré, et il faut, en marchant dans celle-là, tâcher de détruire le gaz éthéré et de le convertir, sans former d'acide muriatique, en des composés dont la nature soit bien connue. Si on parvient à prouver que l'acide muriatique existe tout formé dans le gaz éthéré, nous aurons créé un composé dont la théorie étoit loin de prévoir l'existence ; peut-être en rencontrerons - nous de semblables dans la nature ; et lorsque l'acide muriatique ou d'autres acides se rencontreront dans nos recherches là où rien ne pouvoit nous les faire soupçonner, nous nous garderons d'en conclure que les corps d'où nous les retirons ne les contenoient pas. Si, au contraire, on prouve que l'acide muriatique n'existe pas tout formé dans le gaz éthéré, il sera démontré que l'acide muriatique est un être composé ; nous serons sur la voie qui nous conduira à la découverte de ses principes ; nous ne tarderons probablement pas à la faire : alors quelle lumière n'en jaillira-t-il pas pour expliquer la formation, et peut-être pour opérer la décomposition de cette grande quantité de sel qu'on rencontre, soit dans la terre, soit dans les eaux !

Quelque chose qui arrive, les résultats ne peuvent donc être que très-importans. Aussi vais-je me livrer à ces recherches avec une nouvelle ardeur.

Je déterminerai la nature du corps qui, par son union avec l'acide muriatique ou ses élémens, constitue le gaz éthéré. J'essaierai sur ce gaz l'action d'un grand nombre de corps, et sur-tout des plus actifs, et j'espère que bientôt j'aurai l'honneur de pouvoir offrir à l'Institut de nouvelles observations qui ne seront point indignes de son attention.

NOTE

Sur la découverte de l'éther muriatique.

Par M. Thenard.

Lorsque je lus à l'Institut, le 18 février dernier, mon Mémoire sur l'éther muriatique, tous les membres de l'Institut, MM. Berthollet, Chaptal, Deyeux, Fourcroy, Guyton, Vauquelin, Gay-Lussac, etc., etc., regardèrent comme très-nouveaux les résultats qu'il contenoit, et furent frappés des conséquences qu'on en pouvoit tirer. M. Proust, que nous possédons maintenant à Paris, et devant qui je m'empressai de répéter, d'après le desir qu'il en eut, les expériences que j'avois déja faites à l'Institut, savoir l'épreuve du gaz éthéré par la teinture de tournesol et le nitrate d'argent, avant et après sa combustion, etc., partagea entièrement la surprise et l'opinion des chimistes français. Mais vendredi dernier, 13 mars, c'est-à-dire vingt - cinq jours après la lecture de mon Mémoire, M. Gay-Lussac, en parcourant le journal allemand de Gehlen, découvrit par hasard, dans une note, que Gehlen lui-même avoit fait des expériences sur l'éther muriatique, et les avoit consignées dans un des volumes de son journal, publié en 1804. Comme M. Gay-Lussac a pour moi la plus grande amitié, il voulut voir s'il y avoit quelque rapport entre le mémoire du chimiste allemand et le mien; et comme il en trouva beaucoup, et que je ne sais pas l'allemand, il me rendit le service de me le traduire. En voici l'extrait :

M. Gehlen a fait de l'éther muriatique par le muriate d'étain fumant et l'alcool, en employant partie égale en poids de l'un et l'autre. Il en a fait aussi à la manière de Basse, chimiste de Hameln, par un mélange de sel marin, d'acide sulfurique concentré et d'alcool, d'où, jusqu'à Basse, et même jusqu'à lui, on croyoit ne retirer que de l'éther sulfurique : il n'en a point obtenu avec l'acide muriatique seulement. Quoi qu'il en soit, M. Gehlen a reconnu dans l'éther muriatique la plupart des propriétés que j'y ai reconnues moi-même ; ainsi il a vu que cet éther est le plus souvent à l'état de gaz; qu'il se liquéfie à environ + 10° du thermomètre de

Réaumur ; qu'il est légèrement soluble dans
l'eau ; qu'il a une saveur sucrée ; qu'il ne rougit
point la teinture de tournesol ; qu'il ne précipite
point le nitrate d'argent, et que quand on le
brûle, il s'y développe une grande quantité
d'acide muriatique. M. Gehlen n'a fait aucune
expérience, ni pour prouver d'où cet acide muriatique peut provenir, ni pour rechercher la
quantité que peut en donner le gaz éthéré, ni
pour établir la théorie de cette éthérification ;
c'est sous ce point de vue sur-tout que mon
travail diffère du sien. Il en diffère encore, mais
cette différence est moins remarquable que la
précédente, par le procédé que j'ai employé
pour faire l'éther muriatique, au moyen duquel
j'ai obtenu tout-à-la-fois probablement plus
d'éther que par aucun autre, et un éther plus
pur que celui de Gehlen, puisque celui-ci ne
pèse que 845, et que celui-là pèse 874, et qu'ici
une plus grande pesanteur spécifique est une
preuve d'une plus grande pureté.

Ne pouvant point douter, d'après l'extrait ci-
dessus, qu'en Allemagne on eût fait de l'éther
muriatique, et qu'on y eût bien vu la propriété
qu'il a de développer en brûlant une grande
quantité d'acide muriatique ; bien convaincu
d'une autre part qu'en France et en Espagne on

ignoroit complettement un fait aussi important,
j'ai cherché à savoir si les chimistes anglais
étoient à cet égard plus avancés que les chimistes français et espagnols. Pour cela, je me
suis adressé à M. Riffault, administrateur des
poudres, qui traduit maintenant la 3e. édition de
la chimie de Thompson (1), ouvrage plein d'éru-
dition, et commencé longtems après la publication du mémoire de Gehlen. M. Riffault m'a
lu tout ce qui concerne l'éther muriatique; il
n'y est point question de Gehlen, ni de ce qui
a rapport aux propriétés singulières que nous
présente l'éther muriatique; il n'y est question
que du procédé de Basse, qui consiste à mêler
du sel marin fondu, de l'alcool et de l'acide
sulfurique, et qui, excepté la fusion du sel, a
été indiqué par plusieurs chimistes. Je crois être
autorisé à conclure de là qu'en Angleterre,
comme en France et en Espagne, l'éther muriatique étoit inconnu, et que, sans avoir aucun
indice du travail de Gehlen, j'aurai au moins le
mérite de l'y avoir fait connoître. Combien de
fois déja n'est-il pas arrivé de faire dans un

---

(1) Cet ouvrage paroîtra en octobre 1807, chez
M. Bernard.

pays une découverte qui, plusieurs années auparavant, avoit été faite dans un autre, et cela parce que malheureusement tous les savans ne parlent pas la même langue, et que les ouvrages des uns ne sont point toujours, il s'en faut de beaucoup, traduits dans la langue des autres. C'est ce qui est notamment arrivé pour celui de Gehlen.

~~~~~~

TROISIÈME

MÉMOIRE SUR LES ÉTHERS;

Par M. Thenard.

Des produits qu'on obtient en traitant l'alcool par les muriates métalliques, l'acide muriatique oxigéné et l'acide acétique.

PREMIÈRE PARTIE.

De l'action des muriates métalliques sur l'alcool.

Si, parmi les chimistes qui se sont occupés de l'éther muriatique, il n'en est qu'un seul qui ait pu en obtenir, et même de très-impur, avec de l'acide muriatique et de l'alcool, il n'en est point, au contraire, qui n'ait réussi à en former au moyen de l'alcool et de quelques muriates métalliques.

Pott, dans les Mémoires de Berlin; Ludoff, dans sa Chimie victorieuse; Beaumé, dans sa Dissertation sur les éthers; le baron de Bormes, et sur-tout Courtanvaux, dans les Mémoires des savans étrangers, de l'Académie des sciences, tom. 6, p, 612; Schéele, dans ses Mémoires de chimie, et plusieurs autres chimistes, que je pourrois citer, parlent d'un éther marin, fait par ce procédé. Pour l'obtenir, les uns emploient le beurre d'antimoine; les autres, le muriate d'étain fumant; ceux-ci, le muriate de zinc, et ceux-là les muriates de bismuth et de fer; mais tous s'accordent à dire que cet éther a une odeur suave et analogue à celle de l'éther sulfurique.

Il résulte de là que ces divers muriates métalliques forment le même produit dans leur distillation avec l'alcool, et par conséquent qu'ils agissent tous de la même manière sur ce corps. Or, leur action sur l'alcool ne seroit probablement pas semblable si elle étoit due aux muriates mêmes, puisque ces muriates diffèrent entre eux par la nature de l'oxide qui entre dans leur composition, et par leurs propriétés particulières : nous sommes donc conduits à croire qu'elle dépend de l'excès d'acide que ces sortes de sels contiennent. Aussi ne convertit-on sensiblement l'alcool en éther que par une grande quantité de muriate métallique, et a-t-on remarqué que, lorsque le beurre d'antimoine était mêlé avec de l'acide muriatique, il étoit bien plus susceptible d'éthérifier l'alcool, que dans son état de pureté.

Mais s'il n'y a que l'excès d'acide des muriates métalliques qui agisse sur l'alcool et le change en éther, l'éther provenant de ces muriates doit être absolument le même que l'éther provenant de l'acide muriatique pur.

Ainsi, transformons par l'un de ces muriates une certaine quantité d'alcool en éther, et recherchons ensuite les propriétés de celui-ci.

Pour opérer cette transformation, j'ai préféré d'employer le muriate d'étain fumant, à cause de sa grande solubilité dans l'alcool, et en même tems du grand excès d'acide qu'il contient. Je me suis servi, dans cette opération, des doses d'alcool et de sel indiquées par Courtanvaux; savoir, de 7 parties d'alcool bien rectifié, et de 12 parties de muriate d'étain. Lorsque j'en ai fait le mélange, il s'est fait entendre, comme Courtanvaux l'a remarqué, un sifflement semblable à celui d'une barre de fer rouge qu'on plonge dans l'eau, et il s'est dégagé une si grande quantité de chaleur qu'elle m'a paru bien supérieure à celle de l'eau bouillante. L'appareil que j'ai employé consistoit en une cornue tubulée bien assise, à feu nud, dans un fourneau, sur un grillage de fil de fer, adaptée à un matras à long col et tubulé, lequel étoit exposé à un froid de 10 degrés, et portoit un tube à boule qui s'engageoit sous des flacons pleins d'eau à 40 et quelques degrés. Après avoir introduit le mélange dans la cornue, et avoir assujetti et luté parfaitement les bouchons des vases, j'ai échauffé graduellement la liqueur; je l'ai portée jusqu'à l'ébullition, et j'ai entretenu le feu jusqu'à ce que tout l'alcool que j'avois employé fût à-peu-près distillé. Voici ce que j'ai observé : il ne s'est dégagé dans toute l'opération que de l'air atmosphérique ; il est resté dans la cornue une masse jaunâtre, dure, presqu'entièrement soluble dans l'eau, d'une saveur insupportable et qui n'étoit autre chose que du muriate d'étain très-oxidé dont une petite portion d'oxide s'étoit précipitée. Enfin il s'est condensé dans le récipient un liquide composé de deux couches dont l'une inférieure, très-petite, étoit évidemment du muriate d'étain très-oxidé, et dont l'autre, supérieure, assez épaisse, présentoit les propriétés suivantes. Elle avoit une odeur éthérée et en même tems

alcoolique, une saveur âcre et métallique; elle
rougissoit fortement les couleurs bleues, et
faisoit une vive effervescence avec les carbonates;
les alcalis en précipitoient beaucoup d'oxide
d'étain très-oxidé.

Ces essais me faisant présumer qu'elle étoit
formée d'éther, d'alcool et de muriate d'étain
très-oxidé, et voulant sur-tout savoir si l'éther
qu'elle contenoit ressembloit à l'éther fait avec
l'acide muriatique, j'en mis dans un flacon de
manière qu'il en étoit à-peu-près rempli aux deux
tiers, et j'adaptai deux tubes, l'un en S, et l'autre
s'engageant sous de petites cloches pleines d'eau
chaude. Alors j'échauffai peu à peu le flacon, et
bientôt je vis une ébullition se produire dans
son intérieur; c'étoit de véritable gaz éthéré qui
s'en dégageoit : mais cette ébullition devint bien
plus vive lorsque je versai de l'eau chaude dans le
flacon, non que la température fut élevée, mais
parce que l'eau se combinant avec l'alcool qui
tenoit le gaz en dissolution, celui-ci reprenoit
bien plus facilement la forme de fluide élastique.
Lorsqu'il ne se dégagea plus de gaz éthéré, je
versai la liqueur dans une cornue; je la distillai, et j'en retirai, comme je l'avois prévu,
de l'alcool en grande quantité, et du muriate
d'étain très-oxidé; il ne me restoit plus qu'à

faire l'examen du gaz éthéré. Il avoit absolument la même odeur que le gaz éthéré muriatique proprement dit. Il étoit comme lui légèrement soluble dans l'eau ; comme lui aussi, il brûloit avec une flamme verdâtre, et déposoit une grande quantité d'acide muriatique, quoiqu'avant la combustion, rien ne pût indiquer en lui la présence de cet acide. La seule propriété par laquelle il en différoit, c'est qu'au lieu de ne se liquéfier qu'à $+ 11°$. du thermomètre centigrade, il se liquéfioit à environ $+ 15$ à 16, mais cette différence est si légère qu'on ne peut s'empêcher de reconnoître dans l'un et dans l'autre le même éther et le même mode de formation.

Il est donc prouvé maintenant que dans l'éthérification de l'alcool par les muriates métalliques, il n'y a que l'excès d'acide de ceux-ci qui agit, et que par conséquent aussi, celui qu'on a obtenu jusqu'à présent, par ce moyen, n'est autre chose qu'une combinaison de beaucoup d'alcool et de peu d'éther. Celui dont Schéele a parlé, me semble sur-tout devoir être dans ce cas ; car après avoir distillé le mélange d'alcool et du muriate métallique, il mettoit, à plusieurs reprises, de l'alcool sur le résidu de l'opération, et procédoit à une nouvelle distillation ; tandis que pour obtenir une liqueur

très-éthérée, il faut absolument faire le contraire, c'est-à-dire distiller le produit de la
première opération avec de nouveau muriate
métallique, et encore par ce moyen n'obtient-on
qu'un composé d'alcool et d'éther, à moins
qu'on ne fasse un grand nombre d'opérations.
Aussi Schéele n'a-t-il point connu la nature de
l'éther muriatique ; et ce qui le prouve, ce
sont les deux passages de son Mémoire, que je
transcris ici littéralement.

Seconde partie, pag. 113 , §. IV. Après
avoir décrit le procédé qu'il emploie pour faire
de l'éther marin par les muriates métalliques,
Schéele dit : Pour vérifier encore si l'acide
muriatique devoit être regardé comme une
partie constituante de cet éther, il falloit d'abord
le purifier de tout acide muriatique surabon-
dant ; je procédai pour cela sur cet éther,
comme je l'avois fait pour l'éther vitriolique
(§. II), (c'est-à-dire en distillant cet éther avec
de l'alcool de potasse). Je mêlai cet éther ainsi
purifié avec de la dissolution d'argent ; mais
comme elle ne donna aucun précipité, je jettai
le tout dans un verre, et j'y mis le feu.

Lorsque l'éther fut brûlé, je trouvai que la
dissolution d'argent étoit devenue laiteuse et
ressembloit à un coagulé de muriate d'argent.

Il est donc vraisemblable que l'acide muriatique est partie constituante de cet éther.

Mais plus loin, même *vol.*, *pag.* 126, dans les conséquences qu'il tire de ces expériences, il ajoute : Cet éther, savoir l'éther sulfurique et l'éther muriatique, porte ordinairement avec lui une légère portion du même acide qui a servi à le séparer de l'eau (§. II, IV) ; car la quantité de cet acide est si peu sensible dans un éther bien rectifié, qu'il n'est pas possible d'affirmer qu'il n'existe point d'éther sans acide minéral.

SECONDE PARTIE.

De l'action de l'acide muriatique oxigéné sur l'alcool.

Schéele est le premier qui ait traité l'alcool par l'acide muriatique oxigéné. Tantôt il a mis d'abord de l'alcool en contact dans un ballon avec du gaz acide muriatique oxigéné, puis l'a distillé avec le résidu de l'acide muriatique et de l'oxide noir de manganèse dont il s'étoit servi pour produire cet acide oxigéné : tantôt il a distillé de l'alcool pur avec de l'acide muriatique et de l'oxide noir de manganèse : tantôt il en a distillé avec du sel marin, de l'oxide noir

de manganèse et de l'acide sulfurique; et toujours il a obtenu les mêmes produits, savoir,
de l'éther plus léger et une matière huileuse
plus lourde que l'eau (Voy. ses Mémoires,
2e. *vol.*). M. Berthollet, en s'occupant de cet
objet à la suite de ses belles expériences sur
l'acide muriatique oxigéné (Mém. de l'Acad.
des sciences, pour 1785), a été beaucoup plus
loin que Schéele ; il a vu que, par la réaction
de cet acide sur l'alcool, il se formoit non-
seulement une matière huileuse, mais encore
de l'eau, une matière sucrée, de l'éther qui
disparoissoit presqu'entièrement lorsqu'on faisoit
passer à travers la liqueur une grande quantité
d'acide muriatique oxigéné, et quelquefois de
l'acide acéteux. D'autres chimistes, notamment
Pelletier (1), ont encore considéré l'action de
l'acide muriatique oxigéné sur l'alcool, et tous
ont conclu qu'il en résultoit un véritable éther.
Pelletier a même donné, pour le préparer, un
procédé que la plupart des auteurs ont adopté
et ont décrit dans leurs livres, mais sans parler
de la théorie de cette éthérification, ou en ne
présentant à cet égard que des hypothèses qu'on

---

(1) Voy. ses Mémoires.

ne peut plus admettre aujourd'hui. Il étoit donc nécessaire de reprendre ce travail, et c'est ce que j'ai fait avec tous les soins qu'il exigeoit.

Je me suis gardé de faire usage d'un mélange soit d'alcool, d'acide muriatique et d'oxide noir de manganèse, soit d'alcool, de sel marin, d'oxide noir de manganèse et d'acide sulfurique; parce que, comme il est facile de le prévoir, dans le premier cas, il auroit pu se former de véritable éther muriatique; et que, dans le second, il auroit pu se former de ce même éther et de l'éther sulfurique. J'ai fait passer, comme M. Berthollet l'avoit déja fait, le gaz muriatique oxigéné à travers l'eau pour le laver, et ensuite à travers une quantité d'alcool donnée. La quantité d'alcool sur laquelle j'opérai, étoit de 300 grammes, et a absorbé l'acide muriatique oxigéné provenant de 1750 grammes de sel, 450 d'oxide noir de manganèse, et de 800 grammes d'acide sulfurique concentré, étendu de 800 grammes d'eau.

Pendant toute l'expérience, il s'est formé un peu de gaz acide carbonique; mais quoique le dégagement du gaz acide muriatique oxigéné fut très-rapide, cet acide a disparu presqu'entièrement dans l'alcool, et d'abord l'a fortement échauffé et légèrement coloré en jaune-verdâtre sans le troubler, mais peu-à-peu, sur-tout à la fin de l'expérience, où il commençoit à ne plus être décomposé qu'en partie, y a formé un dépôt blanc-verdâtre ayant l'aspect de matière huileuse. En délutant les vases, j'ai trouvé au-dessus de cette matière huileuse, une liqueur plus jaune que verte, contenant une si grande quantité d'acide muriatique, qu'elle répandoit d'épaisses vapeurs blanches comme un acide concentré. C'est de cette liqueur que je devois retirer l'éther, s'il s'en étoit formé. Pour cela, je la saturai par un alcali qui y forma un précipité de matière huileuse, et je la distillai. Mais au lieu d'obtenir un véritable éther, je n'obtins qu'un liquide dont l'odeur étoit toute autre que celle de l'éther, dont la saveur étoit fraîche et analogue à celle de la menthe, et que je reconnus bientôt pour n'être autre chose que de l'alcool tenant en dissolution de l'huile dont j'ai déjà parlé. On peut même en séparer l'huile par l'eau ; et si on dissout plus ou moins de matière huileuse dans l'alcool, on reforme un composé en tout semblable à ce prétendu liquide éthéré.

Nous pouvons donc dire que la liqueur provenant de la décomposition de l'alcool par l'acide muriatique oxigéné, ne contient point d'éther :

d'une autre part, nous avons déja vu qu'elle
contenoit de l'acide muriatique, de l'alcool et
de l'huile : maintenant voyons quels sont les
autres principes qu'elle contient encore. On y
prouve facilement la présence d'une assez grande
quantité d'eau, et il paroît aussi qu'elle contient
au moins une petite quantité d'une matière facile
à charbonner; car lorsqu'après l'avoir saturée,
on l'évapore, elle se noircit fortement, propriété
qui n'appartient point à la matière huileuse. Je
n'y ai apperçu que des traces de vinaigre, et je
n'y ai point trouvé de matière sucrée, ce qui
provient probablement de ce que j'ai fait passer
à travers l'alcool une bien plus grande quantité
d'acide muriatique oxigéné que M. Berthollet.

Quoi qu'il en soit, la manière dont l'acide
muriatique oxigéné agit sur l'alcool est évidente.
En enlevant beaucoup d'hydrogène et peu de
carbone à l'alcool, et formant beaucoup d'eau
et peu d'acide carbonique, cet acide transforme l'alcool en deux matières, en substance
huileuse et en substance facile à charbonner.
La matière huileuse se rassemble en partie au
fond du vase, mais la majeure partie de cette
matière et quelquefois même toute cette matière reste en dissolution dans l'alcool non
décomposé et dans l'acide muriatique, d'où

on peut la précipiter par l'eau. C'est également avec l'alcool, l'acide muriatique, etc., que se trouve la matière qu'on charbonne facilement.

Je n'ai encore que très-peu de notions sur celle-ci. Tout ce que je puis dire, c'est qu'il m'a paru qu'il s'en formoit peu. Seroit-elle analogue à celle qui se produit dans la réaction de l'acide nitrique sur l'alcool, et sur plusieurs autres matières végétales, notamment sur le sucre? c'est probable.

J'ai des notions bien plus précises sur la matière huileuse. Elle est blanche; elle a une saveur fraîche et analogue à celle de la menthe, et une odeur toute particulière qui n'est point éthérée; elle est plus pesante et cependant plus volatile que l'eau; elle s'y dissout en petite quantité; elle est très-soluble dans l'alcool, et l'eau peut l'en précipiter; elle passe à la distillation avec l'alcool, et forme ce qui a été pris quelquefois pour de l'éther muriatique; il s'en forme une grande quantité dans le traitement de l'alcool par l'acide muriatique oxigéné : on en obtient 50 grammes de 300 d'alcool, et encore tout l'alcool à beaucoup près n'est-il pas décomposé.

Il résulte de toutes ces expériences, 1°. que l'acide muriatique oxigéné ne peut point former

d'éther avec l'alcool; 2°. que si on en obtient,
soit en distillant de l'alcool, de l'acide muriatique et de l'oxide noir de manganèse, soit
en faisant passer du gaz acide muriatique oxigéné
à travers l'alcool, ce n'est probablement que
de l'éther muriatique; 3°. que celui qui se forme
dans le procédé recommandé par Pelletier, et
qui consiste à mêler de l'alcool, de l'acide sulfurique, du sel marin et de l'oxide noir de
manganèse, n'est sans doute que de l'éther
sulfurique mêlé avec de l'éther muriatique.

TROISIÈME PARTIE.

De l'action de l'acide acétique sur l'alcool.

Depuis l'année 1759, que le comte de Lauraguais a annoncé qu'on pouvoit faire un éther
avec l'acide acétique et l'alcool, ce fait a été
successivement admis par quelques chimistes
et nié par quelques autres. Schéele a assuré
qu'on ne pouvoit point faire directement un
éther de cette sorte, et que pour en obtenir il
falloit absolument mêler un autre acide avec
l'acide acétique (1). Pelletier, au contraire, a

_____

(1) Voy. les Mémoires de chimie, 2°. vol., pag. 116.

imprimé qu'il suffisoit de faire un mélange de
partie égale d'acide acétique et d'alcool, et de
le distiller trois fois pour le convertir en grande
partie en éther (1). Dans ces derniers tems,
Schultze s'est déclaré en faveur de l'opinion de
Schéele (2). Lichtemberg et Gehlen, qui ont
répété les expériences de Schultze, en ont
trouvé les résultats et les conséquences exacts (3).
Mais il est évident que Schéele, Schultze, etc.,
se sont trompés, puisque tous les jours on prépare dans les laboratoires de pharmacie de l'éther
à la manière de Lauraguais et de Pelletier. Il ne
s'agit donc point ici de constater ce qui l'est si
bien ; il ne sagit que d'établir une théorie qui
n'est point encore bien connue. Pour cela, recherchons d'abord, comme il convient, tous les
phénomènes que nous présente la distillation
plusieurs fois répétée d'une quantité donnée
d'alcool et d'acide acétique. J'ai employé, dans
cette distillation, d'une part, 128 gr. 5 d'un acide
susceptible de se congeler à zéro, et dont 100
grammes ne pouvoient être saturés que par 84

---

(1) Voy. le Journal de physique pour 1785.
(2) Annales de chimie, 30 janvier 1806, pag. 94.
(3) *Ibid.*

grammes de potasse, et d'autre part, 130 gram. d'alcool dont la pesanteur spécifique étoit de 8056 à 7° therm. cent. J'ai recohobé douze fois, et toujours j'ai entretenu le feu sous la cornue, au point de faire passer dans le récipient les deux tiers du mélange qu'elle contenoit; mais j'ai tant pris de précautions dans chaque distillation, et j'ai condensé le produit par de la glace avec tant de soins, que je n'en ai perdu que 11 grammes. Il ne s'est dégagé aucun gaz, soit au commencement, soit au milieu, soit à la fin de l'opération.

L'opération étant terminée, j'ai mêlé la liqueur du récipient avec celle de la cornue, et j'ai essayé d'opérer la neutralisation du mélange par la potasse; mais je n'ai pu le faire que très-incomplettement : 37 grammes de cet alcali seulement s'y sont dissous et y ont occasionné un dépôt abondant et cristallisé d'acétate de potasse. Alors j'ai soumis à une distillation bien ménagée, ce mélange de liqueurs ainsi neutralisées en partie, et j'en ai retiré, 1°. 127 grammes d'éther, ne contenant qu'une quantité d'acide représentée par 6 décigrammes de potasse; 2°. 55 grammes d'un liquide légèrement éthéré, fortement alcoolique, et contenant une quantité d'acide représentée par 7 grammes

4 décigrammes de potasse ; 3°. un résidu formé d'acétate de potasse, d'eau et d'une quantité d'acide, représentée par 16 grammes de potasse.

Pour pouvoir prononcer d'une manière plus certaine sur la nature des deux premiers produits de cette distillation, je les ai distillés de nouveau, mais en les saturant auparavant d'acétate de potasse. Du premier, j'ai obtenu d'abord 115 grammes d'un éther qui m'a semblé parfaitement pur, et ensuite 8 grammes d'un éther un peu alcoolisé, point d'eau ; 4 grammes ont été perdus ou retenus en partie par l'acétate de potasse. Du deuxième produit, j'ai obtenu 27 grammes d'alcool légèrement éthéré, et dont la pesanteur spécifique (à 6° thermomètre de Réaumur) étoit de 827. Ce qui a passé en second lieu dans le récipient, étoit de l'eau si peu alcoolisée, que je n'ai pas cru devoir en tenir compte. Il suit de là que 130 grammes d'alcool et 128 gr. 5 d'acide acétique, distillés douze fois ensemble, nous ont donné, 1°. 126 grammes et quelque chose d'éther à peine alcoolisé ; 2°. 27 grammes d'alcool à 827 de pesanteur spécifique (6° th. de Réaumur) ou 27 gram. — .... d'alcool tel que je l'ai employé; 3°. une quantité d'acide représentée par 61 grammes de potasse, c'est-à-dire 72 gr. 6 d'acide : car nous avons vu précédemment que 100 parties d'acide exigeoient 84 grammes de potasse pour leur saturation; 4°. une perte de 11 grammes. Mais si on ne retrouve plus que 72 gr. 6 d'acide après l'opération, il faut qu'il en ait disparu 55 gr. 9 dans l'opération : or l'acétate de potasse fondu contient trois parties de potasse et deux parties d'acide ; par conséquent ces 55 gr. 9 d'acide étant susceptibles de neutraliser 46 gr. 95 de potasse, contiennent 31 gr. 3 d'acide sec ou tel qu'il existe dans l'acétate de potasse fondu, lesquels, ajoutés à 130 d'alcool, forment un tout de 161 gr. 3 qu'il faut retrouver, et que nous retrouvons en effet tant en éther qu'en alcool et en perte. Donc l'éther acétique résulte de tous les principes de l'acide acétique avec tous ceux de l'alcool, sans que dans la réaction des uns sur les autres, il y ait formation d'eau ou de quelqu'autre composé.

Cet éther a une odeur agréable d'éther et d'acide acétique, et pourtant il ne rougit ni le papier ni la teinture de tournesol; il a une saveur toute particulière qu'on ne sait à quoi comparer, qui est bien différente de celle de l'alcool; sa pesanteur spécifique à + 7° du

thermomètre centigrade est de 866; il entre
en ébullition à 71° thermomètre centigrade,
à la pression de 75 centimètres; il brûle avec
une flamme d'un blanc jaunâtre, et de l'acide
acétique se développe dans sa combustion; il
ne paroît point s'altérer avec le tems (du moins
j'ai à cet égard une épreuve de six mois);
169 gr. 9 d'eau n'en dissolvent que 23 gr. 1 à
la température de 17° thermomètre centigrade,
et par conséquent, à cette température, il
exige sept fois et quelque chose son poids d'eau
pour se dissoudre; ainsi dissous dans l'eau,
il est toujours sans action sur la teinture de
tournesol, et conserve l'odeur et la saveur qui
le caractérisent; mais lorsqu'on le met dans
cet état en contact avec la potasse caustique,
son odeur et sa saveur disparoissent, et l'alcali
se sature; et si, ce point étant atteint, on
distille, il passe de l'alcool très-étendu d'eau
dans le récipient, et il reste dans la cornue
de l'acétate de potasse; il ne se dégage aucun
gaz dans cette distillation. De 30 grammes
d'éther que j'ai traités de cette manière, c'est-
à-dire que j'ai d'abord dissous dans l'eau, et
dans lesquels j'ai ensuite versé une solution de
15 grammes de potasse caustique pure, j'ai
retiré environ 15 grammes d'alcool concentré

et 17 grammes d'acétate de potasse (1). Probablement que j'ai perdu une portion de l'alcool de ces 30 grammes d'éther, en essayant de le séparer de l'eau avec laquelle il étoit mêlé; car je ne doute pas que, par la potasse caustique, on ne décompose complettement l'éther acétique, et qu'on ne puisse parvenir, en opérant bien, à en retirer tout l'acide et tout l'alcool qui, par eux-mêmes ou par leurs principes, constituent cet éther.

Telles sont les observations que j'ai cru devoir réunir dans ce Mémoire. Elles prouvent, 1°. que l'éther qu'on obtient avec les muriates métalliques est le même que l'éther muriatique proprement dit; mais que ces muriates étant très-peu acides, leur action sur l'alcool est très-foible, en sorte que par ce moyen on n'obtient jamais que peu d'éther dissous dans

---

(1) Comme l'acétate de potasse étoit mêlé avec un excès de potasse, j'ai saturé celle-ci par l'acide sulfurique, et j'ai traité le mélange des deux sels par l'alcool pour obtenir le premier pur.

Schéele avoit déja vu qu'en mêlant de la potasse et de l'éther acétique, on faisoit de l'acétate de potasse; il n'a rien dit de l'alcool qu'on obtient de ce mélange lorsqu'on le distille.

beaucoup d'alcool; 2°. qu'on ne forme par l'acide muriatique oxigéné et l'alcool qu'une matière huileuse, de l'eau, de l'acide carbonique, et une matière qu'on charbonne facilement, et non de l'éther, et que l'éther muriatique oxigéné qu'on admettoit, n'est autre chose que de l'alcool tenant en dissolution plus ou moins de matière huileuse et peut-être de l'éther muriatique et de l'éther sulfurique; enfin que l'éther acétique est bien un composé particulier qui résulte des principes de l'acide acétique, combinés avec ceux de l'alcool.

MÉMOIRE

Sur la combinaison du soufre avec l'oxigène et l'acide muriatique.

PAR A. B. BERTHOLLET.

Lu à la 1re. classe de l'Institut, le 12 janvier 1807.

———

DANS mes recherches sur l'action réciproque du soufre et du charbon j'ai fait voir que le soufre peut former avec l'hydrogène des combinaisons qui varient beaucoup par leurs proportions et qui prennent un état déterminé par celle des deux substances qui domine. Je me propose, dans ce Mémoire, de faire connoître de nouvelles combinaisons du même corps avec l'oxigène et l'acide muriatique, qui n'offrent pas moins de variations dans les proportions de leurs principes et dans les propriétés qui en dépendent.

C'est à M. Thomson qu'est due la découverte

de la faculté qu'ont ces trois substances de se combiner ensemble, et je dois déclarer que ce sont ses recherches qui m'ont dirigé; mais ce savant chimiste, n'ayant porté son attention que sur un petit nombre des propriétés de cette combinaison, n'avoit pu donner une connoissance suffisante de l'action qu'elle exerce sur les autres corps, ni, si je ne me trompe point, une notion exacte de sa nature. Je vais, après avoir rappelé les résultats de ses travaux, essayer de suppléer à ce qu'ils laissoient à desirer.

En faisant passer, à la température ordinaire de l'atmosphère, un courant d'acide muriatique oxigéné à travers des fleurs de soufre, M. Thomson a observé que le gaz est absorbé; qu'en même tems il se forme une liqueur dont le poids excède le double de celui du soufre employé, et dont 100 parties lui ont donné 44 parties d'oxide de soufre, 33.75 parties d'acide muriatique, et 20,25 parties de perte. Il a nommé cette combinaison *Sulfure d'acide muriatique*; il lui a reconnu une pesanteur spécifique de 1,623; une couleur tenant le milieu entre l'écarlate et le cramoisi; une grande volatilité et une odeur piquante qu'il compare à celle des plantes marines. Il a encore

observé qu'une goutte de ce liquide, versée
sur un verre d'eau, y laisse une pellicule de
soufre et tombe au fond sous la forme d'un
globule rougeâtre, qui, après s'y être conservée
quelque tems, se convertit en flocons jaunes;
qu'il décompose avec vivacité l'acide nitrique,
en répandant des vapeurs nitreuses et de l'acide
muriatique oxigéné; enfin qu'il dissout à froid
le phosphore. Cette dissolution est permanente,
de couleur d'ambre et donne par évaporation
du phosphure de soufre qui s'enflamme à l'air.

Les phénomènes intéressans que présente
cette combinaison ne me paroissent pas s'accorder avec la manière dont M. Thomson l'a
envisagée. Les faits que je dois rapporter auto-
risent à penser qu'il n'y a point d'action particulière d'un de ses élémens sur un autre, et
que tous trois sont réunis par l'affinité que
chacun d'eux a pour les autres. Ainsi au lieu
de regarder l'oxigène comme formant avec le
soufre un oxide qui constitue ensuite un sulfure
par sa combinaison avec l'acide muriatique, il
me semble que l'oxigène, le soufre et l'acide
muriatique, retenus là par leur action réciproque, sont dans un état uniforme de combinaison. Mais comme cette question a une
influence directe sur les conséquences à déduire

des faits, je commencerai par réunir dans une première partie de mon travail ceux qui peuvent spécialement l'éclaircir et fixer d'une manière précise l'idée qu'on doit se faire de la combinaison observée par M. Thomson. Je réserverai pour une seconde partie les expériences qui feront connoître plus particulièrement l'action de l'acide muriatique oxigéné sur le soufre, et les propriétés les plus remarquables des combinaisons qui en résultent.

PREMIÈRE PARTIE.

Lorsque le courant d'acide muriatique oxigéné que l'on fait passer à travers les fleurs de soufre n'est pas trop rapide il est presqu'entièrement absorbé. D'abord la couleur du soufre acquiert plus d'intensité; ensuite son volume diminue, principalement autour du tube qui amène le gaz; il se forme des gouttelettes de liqueur qui mouillent le soufre, l'agglutinent : alors le gaz s'échappant avec plus de difficulté, son absorption est plus complette et accompagnée d'un dégagement de chaleur assez considérable. Le soufre passe graduellement de l'état de pâte à celui d'un liquide d'abord jaune, mais qui, dans la suite de l'opération, prend une couleur rouge de plus en plus foncée, et arrive à celle d'un rouge brun. C'est à cet état que M. Thomson a examiné la combinaison.

Si l'expérience a été conduite avec soin l'eau dans laquelle on reçoit la petite quantité de gaz qui n'a point été absorbée par le soufre contracte une légère odeur d'acide sulfureux. Cette eau saturée de barite donne un précipité peu abondant qui, séparé de la liqueur, n'est qu'en partie redissous par l'acide muriatique avec dégagement d'acide sulfureux. La liqueur neutre qui surnageoit le précipité formé par la barite précipite le nitrate d'argent. Cette eau contenoit donc des acides muriatique, sulfurique et sulfureux.

30 grammes de soufre soumis à cette expérience ont donné 91 gr. 15 de liqueur saturée à ce point d'acide muriatique oxigéné. Pour évaluer avec plus d'exactitude l'augmentation de poids qu'éprouve le soufre j'ai transformé en acide sulfurique, au moyen de l'acide muriatique oxigéné, tout le gaz sulfureux qui avoit été recueilli dans l'eau, et j'en ai séparé 6 gr. 05 de sulfate de barite, lesquels contiennent 0 gr. 896 de soufre. Il n'entre donc que 29 gr. 254 de soufre dans la liqueur obtenue,

dont le poids se trouve ainsi plus considérable que trois fois celui du soufre qu'elle renferme.

Cette liqueur répand dans l'air d'abondantes vapeurs. Son odeur vive et piquante rappelle, lorsqu'elle est foible, celle du soufre qui se volatilise ou du phosphore en combustion lente. J'ai trouvé plusieurs fois à cette combinaison 1,7 de pesanteur spécifique par une température de 10°. Elle a les caractères d'un acide concentré ; elle excite une violente effervescence avec les carbonates alcalins. Le papier teint avec du tournesol rougit dès que ses vapeurs l'atteignent ; plongé rapidement dans la liqueur elle-même, sa couleur passe subitement au rouge, et n'est nullement détruite. Mais ce qui prouve encore plus positivement qu'il n'y existe plus d'acide muriatique oxigéné, c'est que si on agite la liqueur dans de l'eau colorée de la nuance la plus foible de dissolution d'indigo, la couleur n'est point altérée.

La densité de ce liquide l'empêche de se mêler à l'eau ; et si l'on en verse quelques gouttes dans une quantité d'eau beaucoup plus considérable elles se réunissent au fond du vase en y subissant la décomposition observée par M. Thomson. On voit alors à la surface de ces globules, qui d'abord ont conservé leur

couleur, se former des stries blanches qui se
mêlent à l'eau; bientôt ils sont enveloppés d'une
pellicule de soufre, et ce n'est qu'après quelque
tems qu'ils se trouvent entièrement convertis
en flocons de soufre. Mais si l'on ne mêle que
des volumes à-peu-près égaux de ces deux liquides, et si l'on augmente les contacts par
l'agitation, il se dégage en peu de tems une
chaleur vive, le mélange entre en ébullition,
et la décomposition est presqu'instantanément
opérée : l'eau contient de l'acide muriatique,
de l'acide sulfureux et une petite quantité d'acide
sulfurique. Le soufre qui s'est séparé, dépouillé
par des lavages suffisans des acides qui le bai-
gnent, n'offre aucun caractère qui puisse le
faire distinguer du soufre ordinaire, et particulièrement on ne lui trouve ni la saveur,
ni la couleur, ni la consistance qu'on a attri-
buées à l'oxide de soufre. Il est friable, du
jaune qui lui est propre; il peut être chauffé
dans un appareil fermé sans donner aucun gaz
ni acidifier l'eau qui est en communication avec
l'appareil au moyen d'un tube; il cristallise par
refroidissement; enfin il se comporte comme
du soufre qui n'a subi aucune altération.

On voit déja que l'acide muriatique oxigéné
qui est entré dans la combinaison n'y jouit plus

de ses propriétés, et que cependant le soufre qu'on en sépare ne retient pas d'oxigène. Mes résultats diffèrent en ce dernier point de ceux de M. Thomson.

Les effets produits sur ce liquide par l'éther et l'alcool sont les mêmes et s'exécutent seulement avec plus d'énergie à cause de la volatilité de ces agens. La chaleur qui se développe lorsqu'on laisse tomber des gouttes de cette liqueur dans l'alcool très-rectifié produit une évaporation si rapide qu'à chaque goutte on entend une petite détonation.

L'ammoniaque concentrée excite une violente ébullition dans cette liqueur. Elle la sature et en précipite du soufre qui prend une couleur rouge en retenant de l'alcali, lorsqu'on en emploie un excès. Il perd l'un et l'autre par l'exposition à l'air ou par le lavage à l'eau tiède; la couleur rouge violacée dont se teignent les épais tourbillons qui se reproduisent en versant la liqueur dans l'ammoniaque est également due à du soufre emporté en vapeurs avec de l'ammoniaque. La liqueur neutre qui surnage le soufre contient du sulfite, du sulfate et du muriate d'ammoniaque.

Les autres alcalis, caustiques ou carbonatés, présentent des phénomènes semblables, et

donnent lieu à la formation de sels du même
genre.

Il résulte de ces diverses épreuves que toute
substance qui agit sur l'acide muriatique en le
saturant, ou simplement en le dissolvant, désunit les élémens de cette combinaison. On a
pu remarquer aussi que l'acide sulfureux se
trouve constamment dans leurs produits, et il
sembleroit naturel de conclure que cet acide
fait partie intégrante de la liqueur. Cependant,
pour que cette conséquence fût rigoureuse, il
faudroit que l'acide sulfureux fût indiqué avant
que la liqueur ait donné aucun signe de décomposition ; car, jusque-là, on seroit fondé à en
regarder le développement comme un des effets
de la décomposition elle-même. Les faits suivans me paroissent prouver que c'est cette dernière opinion qui est la plus juste.

La nécessité de ne se servir d'aucun réactif
qui puisse décomposer la liqueur exclut tous
ceux qui contiennent de l'eau. Pour remplir
cette condition, j'ai d'abord employé le soufre
hydrogéné. Ces deux liqueurs diffèrent peu
par leurs densités et se mêlent sur-le-champ. On
n'observe d'ailleurs d'autre changement qu'un
affoiblissement dans l'intensité de la couleur
propre à la combinaison triple ; effet qui

seroit produit par le mélange de tout liquide
blanc.

Mais cette expérience pouvoit ne point paroître assez concluante ; j'ai donc cherché des
indices moins équivoques dans l'action de l'hydrogène sulfuré. Un courant modéré de ce
gaz dirigé à travers la liqueur contenue dans
un tube d'au moins 5 centimètres de diamètre
n'est point absorbé, et, en prolongeant cette
expérience même pendant plusieurs heures, la
liqueur n'éprouve d'autre effet qu'une diminution dans son volume, due à l'évaporation
qu'auroit également occasionnée un courant de
tout autre gaz ; or, quelque action qu'on suppose entre les trois élémens de cette substance,
celle qu'exerceroient le soufre et l'acide muriatique sur l'acide sulfureux, s'il y existoit,
ne pourroit en aucune manière se comparer
à celle d'un alcali sur ce même acide. Cependant il a été prouvé par M. Vauquelin (1) que
dans cette combinaison, assez énergique pour
rendre latens les caractères propres à chacune
des substances, l'acide peut encore être décomposé par l'hydrogène sulfuré, tant l'affinité de

_____

(1) Annales de chimie, tom. 32, p. 304.

l'hydrogène pour l'oxigène est supérieure à celle
qu'a le soufre pour ce dernier. Je crois pouvoir
inférer de là qu'il n'y a point d'acide sulfureux
dans la liqueur. Mais il devient bien plus évident que cet acide n'est point encore formé,
si l'on considère que, par suite de l'évaporation
produite par l'hydrogène sulfuré, les divers
élémens de cette liqueur se trouvent mêlés
avec lui à l'état gazeux, sans cependant qu'il
y ait dépôt de soufre; ce qui auroit lieu infailliblement si dans ce mélange gazeux il se
trouvoit de l'acide sulfureux. Lorsque l'on a
ajusté au vase qui contient la liqueur un tube
pour donner issue au gaz qui l'a traversé, sa
surface intérieure n'est ternie par aucun précipité. Si l'on présente à son extrémité un
papier teint avec du tournesol, sa couleur est
rougie sur-le-champ. L'odeur qui domine dans
ce mélange gazeux est celle de la liqueur. En
le recevant dans de l'eau, il se passe de nouveaux phénomènes; la liqueur vaporisée se
décompose par l'action de l'eau; l'acide sulfureux se développe et est aussitôt détruit avec
une portion correspondante d'hydrogène sulfuré. Aussi voit-on à l'extrémité du tube par
où sort le gaz, se former des stries blanches
plus pesantes que l'eau; des nuages de soufre

se dispersent dans le liquide, et le mélange gazeux est tellement décomposé qu'il n'arrive à la surface de l'eau qu'un petit nombre de bulles d'hydrogène sulfuré, trop abondant pour qu'il puisse être totalement détruit. L'eau, séparée du soufre qui s'y est accumulé, est fortement acide et conserve l'odeur de l'hydrogène sulfuré. Elle n'en donne cependant que de foibles indices avec les dissolutions métalliques. Le nitrate d'argent la précipite abondamment. La barite n'y produit pas de précipité; elle la neutralise et donne par évaporation des cristaux de muriate de barite. On retrouve donc dans cette eau de l'acide muriatique qui provient de la liqueur, et du soufre dû tant à cette liqueur qu'à l'hydrogène sulfuré, qui a été décomposé au contact de l'eau. Mais, puisque cette décomposition n'a pu s'effectuer à l'état de gaz, et puisqu'elle n'a eu lieu qu'au moment où le mélange gazeux a touché l'eau, je conclus que c'est à ce moment-là seulement que l'acide sulfureux s'est formé, et qu'il n'existoit pas dans la liqueur.

Quoique ces faits me paroissent de nature à ne plus laisser de doute, je rapporterai encore une expérience qui ne peut que donner un nouveau degré de certitude à la conséquence que j'ai tirée des précédentes.

J'ai versé sur du mercure pur et bien sec de
la liqueur de soufre, aussitôt la surface du métal
s'est ternie; en l'agitant, il s'est divisé en petits
globules; et à la faveur de cette augmentation
de surface, il s'est manifesté dans le mélange
une action très-vive, accompagnée de chaleur.
En continuant à agiter, il n'est bientôt plus
resté ni liqueur ni mercure à l'état métallique;
le tout étoit transformé en une masse grise
pulvérulente. L'eau en a dissous la plus grande
partie. Elle rougissoit le tournesol; les nitrates
de barite et d'argent y produisoient d'abondans
précipités, qu'un fort excès d'acide ne redis-
solvoit pas. Les alcalis précipitoient de cette
dissolution de l'oxide rouge de mercure : elle
contenoit donc du sulfate et du muriate de
mercure très-oxidé. J'ai, en effet, séparé le
premier par une cristallisation ménagée, et l'eau
mère décantée m'a donné par une seconde
évaporation des pellicules cristallines de sulfate de mercure très-oxidé, qui, desséchées,
ont formé, par l'action de l'eau distillée, du
turbith minéral. En sublimant la petite portion
de poudre grise que l'eau n'avoit pu dissoudre,
on y reconnoît un mélange d'un peu de muriate doux et de sulfure de mercure.

Ainsi le mercure s'est combiné, 1°. avec une

portion du soufre; 2°. avec une partie de l'oxigène qui sont contenus dans la liqueur. La chaleur produite par ces deux combinaisons a sans doute déterminé la condensation de l'autre partie de l'oxigène sur le reste du soufre. De tous ces changemens, aucun n'appartient aux propriétés connues de l'acide sulfureux; il n'y a donc ni acide sulfureux ni acide muriatique oxigéné dans cette liqueur : elle réunit les principes nécessaires pour constituer l'un ou l'autre; mais chacune de ces substances est soumise à la force exercée par les deux autres. Qu'une d'elles éprouve l'influence d'une nouvelle force, l'équilibre qui maintenoit la combinaison est rompu, et les deux autres principes obéissent à leur affinité.

C'est ainsi que, lorsqu'une substance qui a de l'affinité pour l'acide muriatique, quelque foible qu'elle soit, l'eau, par exemple, est mêlée à cette liqueur, et lui a enlevé un peu d'acide muriatique, l'action mutuelle du soufre et de l'oxigène n'étant plus limitée par celle que cet acide avoit sur chacun d'eux, donne naissance aux acides sulfureux et sulfurique. L'oxigène ainsi condensé sur une partie du soufre, celle qui étoit maintenue dans la combinaison par l'acide muriatique se sépare. Lors-

qu'on emploie une grande quantité d'eau, l'effet
est lent; mais si l'eau est peu abondante, la
chaleur développée par sa combinaison avec
l'acide muriatique élève la température du mélange, et donne lieu à la décomposition rapide
que j'ai décrite.

Le mercure se combine à-la-fois avec le
soufre et l'oxigène, puis avec l'acide muriatique
et l'acide sulfurique dont il a déterminé la formation. Il désunit cette combinaison et se combine avec ses élémens.

Cette désunion, si facilement opérée, semble
contradictoire avec la résistance que la liqueur
oppose à l'hydrogène sulfuré, assez puissant
d'ailleurs pour enlever l'oxigène à des combinaisons, en apparence plus énergiques. Cependant ces faits se concilient parfaitement, en
faisant attention à l'influence que doit avoir
dans cette combinaison la quantité de chacune
des substances.

En effet, d'après l'augmentation du poids que
reçoit le soufre en se transformant en liqueur,
100 parties deviennent 315, c'est-à-dire en
supposant que le gaz arrive sec, que 100 parties
de soufre se combinent à 215 d'acide muriatique
oxigéné, qui contiendroient 34 d'oxigène, si
l'on adopte les proportions déterminées par

M. Chenevix (1), lesquelles ne peuvent qu'indiquer une trop forte dose de cette substance (2).
Or, 100 de soufre exigeant pour passer à l'état
d'acide sulfurique 85,7 d'oxigène (3), la quantité qui s'en trouve dans la liqueur est de
beaucoup inférieure à celle qu'on peut supposer
nécessaire pour constituer l'acide sulfureux. Le
soufre agit donc ici par une plus grande masse,
et doit retenir l'oxigène avec une plus grande
force que dans l'acide sulfureux, tandis qu'au
contraire il doit être séparé plus facilement de
cette combinaison. Mais ce n'est point à l'action
du soufre que se borne celle qui maintient
l'oxigène dans cette liqueur, on doit y joindre
encore celle de l'acide muriatique, auquel s'ap-
plique aussi le raisonnement qu'on vient de
faire pour le soufre. Il est donc manifeste que
l'oxigène doit être fortement défendu contre
toute nouvelle force qui n'agit que sur lui, et
que les deux autres principes de cette combi-

---

(1) Trans. phil. 1802. *Observ. and experim. upon
oxygenized and hyperoxyg. muriatic acid*, etc.

(2) Statiq. chimique, tom. 2, pag. 194 et suiv.

(3) M. Thénard, et 3ᵉ. suite aux recherches sur les
lois de l'affinité. Mém. de l'Inst. 1806.

naison peuvent se partager par l'influence de foibles affinités.

L'opinion que j'émets sur l'action réciproque des trois substances qui concourent à cette combinaison me paroît encore étayée par l'observation suivante, tirée de la formation même de cette liqueur.

L'affinité mutuelle du soufre et de l'oxigène n'est point assez puissante pour surmonter les obstacles qu'elle rencontre tant dans la cohésion du premier que dans l'élasticité naturelle au second; et l'on avoit remarqué qu'elle ne pouvoit s'exercer que quand l'un ou l'autre de ces corps avoit été amené à un état plus favorable à l'action chimique, soit par un changement de température, soit par l'effet d'une combinaison antérieure. Dans la liqueur découverte par M. Thomson, la cohésion du soufre cède à l'action simultanée de l'acide muriatique et de l'oxigène; ce n'est plus, dans ce cas, à un changement dans leur constitution qu'est due l'union du soufre à ce gaz, mais au concours d'un troisième agent qui a de l'affinité pour les deux premiers.

L'affinité que développe ici l'acide muriatique offre encore le premier exemple de celle d'un acide pour le soufre, si on excepte l'expérience

I.   12

dans laquelle Priestley (1) a observé que le soufre absorboit lentement du gaz acide muriatique, et en exhalant de l'hydrogène.

Mais, si je ne me suis point égaré dans les considérations que je viens de développer, on seroit également peu fondé à rapprocher cette combinaison des sels ou des sulfures, qui, par le nombre et la nature de leurs élémens, semblent, au premier aspect, avoir de l'analogie avec elle. Ceux de la liqueur que j'examine n'ont point éprouvé la saturation qui pourroit autoriser ces rapprochemens. Les caractères qui dominent fortement en elle sont, comme je l'ai remarqué, ceux de l'acidité; et si l'on jugeoit nécessaire d'indiquer par un nom conforme à la nomenclature chimique la nature de cette liqueur, je crois que le plus convenable seroit celui d'acide *muriatique-oxi-sulphuré.*

Je viens de présenter les expériences dont la réunion m'a paru la plus propre à indiquer clairement l'influence qu'a chacun des trois élémens dans ce nouveau composé; elles recevront une nouvelle confirmation de celles que

(1) Expér. et observ. sur diff. esp. d'air. Trad. franç. tom. 1, pag. 199.

je destine à former la seconde partie de mon travail, dont l'objet sera spécialement, ainsi que je l'ai déja annoncé, d'examiner les diverses combinaisons triples de soufre, d'oxigène et d'acide muriatique, et de faire connoître leurs principales propriétés.

PREMIER ESSAI

Pour déterminer les variations de température qu'éprouvent les gaz en changeant de densité, et considérations sur leur capacité pour le calorique.

Par M. Gay-Lussac.

Lu à l'Institut le 15 septembre 1806.

Dans les recherches que nous avons publiées, M. Humboldt et moi, sur les moyens eudiométriques et l'analyse de l'air atmosphérique (1), nous avions reconnu que l'inflammation d'un mélange de gaz oxigène et de gaz hydrogène par l'étincelle électrique, ne produisoit point une inflammation complette, lorsque les deux gaz étoient entre eux comme 10 est à 1. Dans cette expérience, en remplaçant par

----

(1) Journal de Physique, tom. 60.

de l'azote l'excédant du gaz oxigène nécessaire à la saturation du gaz hydrogène , la
combustion s'arrêtoit encore à très-peu près au
même point. Guidés par des considérations
particulières , nous avions été conduits à penser
que ce phénomène dépendoit de ce que le
calorique , dégagé dans la combinaison , se
trouvant absorbé par les parties de chaque
gaz qui n'y étoient pas entrées , la température
se trouvoit abaissée au-dessous du point nécessaire à la combustion ; d'où il résultoit con-
séquemment que l'inflammation devoit s'arrêter.
Et comme nous avions vu le gaz azote produire , sous ce rapport , des effets presque
identiques avec ceux que produisoit le gaz
oxigène , nous avions présumé que ces deux
gaz n'arrêtoient la combustion au même point
que parce qu'ils avoient sûrement une capacité égale pour le calorique. Nous n'avions
pu alors vérifier nos soupçons sur les autres
gaz ; mais comme on est naturellement porté
à généraliser , nous avions conservé l'opinion ,
moi en particulier , qu'il étoit très-possible que
tous les gaz eussent la même capacité pour le
calorique. De retour à Paris , du voyage que
j'avois fait , avec M. Humboldt , en Italie et
en Allemagne , j'ai été très-impatient de faire

des expériences plus directes pour voir jusqu'à quel point nos premières conjectures étoient fondées, persuadé que, quel qu'en fût le résultat, je n'aurois pas fait un travail inutile. J'ai communiqué mon projet à M. Berthollet, qui m'a beaucoup engagé à l'exécuter, et il y a pris lui-même, ainsi que M. Laplace, le plus vif intérêt. S'il est flatteur pour moi de pouvoir citer ici ces deux illustres savans, qui m'honorent de leur estime, je dois déclarer en même tems que je dois beaucoup à leurs conseils éclairés. C'est à Arcueil, dans le cabinet de physique de M. Berthollet, que mes expériences ont été faites. Elles m'ont conduit, sur la capacité des gaz, à des résultats inattendus, contraires à ceux que j'avois soupçonnés, et m'ont fait connoître plusieurs phénomènes nouveaux qui paroissent devoir être très-importans pour la théorie de la chaleur.

En partant de ces deux faits, que les gaz se dilatent tous également par la chaleur, et qu'ils occupent des espaces qui sont entre eux en raison inverse des poids qui les compriment; j'ai pensé, avec M. Dalton (1), qu'en les mettant

_____

(1) Journal des Mines, tom. 13, p. 257.

tous dans les mêmes circonstances, et en diminuant également la pression qui leur seroit commune, on pourroit voir, par les changemens de
température que produiroient les augmentations
de volume, s'ils avoient ou non des capacités
égales pour le calorique. C'est dans ce but que
j'ai employé l'appareil suivant.

J'ai pris deux ballons à deux tubulures,
chacun de douze litres de capacité. A l'une
des tubulures de chaque ballon étoit adapté un
robinet, et à l'autre un thermomètre à alcool
très-sensible, dont les degrés centigrades pouvoient être facilement divisés en centièmes. Je
me suis d'abord servi du thermomètre à air,
construit d'après les principes de M. le comte
de Rumford, ou d'après ceux de M. Leslie;
mais quoique infiniment plus sensible que celui
à alcool, plusieurs inconvéniens auxquels je
puis remédier maintenant, m'avoient fait pré-
férer ce dernier, parce qu'il me donnoit des
résultats plus comparables. Pour éviter les effets
de l'humidité, j'ai mis dans chaque ballon du
muriate de chaux desséché. Voici maintenant
la disposition de l'appareil pour chaque expérience. Le vide étant fait dans les deux ballons,
et m'étant assuré qu'ils le retenoient exactement,
je remplissois l'un d'eux avec le gaz sur lequel

je voulois opérer. Environ douze heures après, j'établissois entre eux une communication au moyen d'un tuyau de plomb, et en ouvrant les robinets, le gaz se précipitoit alors dans le ballon vide jusqu'à ce que l'équilibre de pression fût rétabli de part et d'autre. Pendant ce tems, le thermomètre éprouvoit des variations que je notois avec soin.

J'ai commencé mes expériences avec cet appareil sur l'air atmosphérique, et j'ai pu observer, avec MM. Laplace et Berthollet, que l'air, en entrant du ballon plein dans le ballon vide, a fait monter le thermomètre, comme plusieurs physiciens l'ont déja annoncé. On savoit que l'air en se dilatant, lorsqu'on diminue la pression qu'il éprouve, absorbe du calorique, et réciproquement qu'en se condensant il en dégage. De là quelques physiciens avoient conclu que la capacité de l'air dilaté pour le calorique, est plus grande que celle de l'air condensé, et qu'un espace vide doit renfermer plus de calorique que le même espace occupé par de l'air. En considérant des poids égaux de ce fluide, sous des pressions différentes et à des températures égales, il n'y a pas de doute qu'il ne renferme d'autant plus de calorique qu'il est plus dilaté, puisqu'en se dilatant il en absorbe continuellement. Mais quand on considère des volumes égaux, rien n'autorise à croire que la même chose doit avoir lieu. Si en effet, dans notre expérience, l'air dilaté qui reste dans le ballon plein a absorbé du calorique, celui qui en est sorti en a emporté, et il n'est pas prouvé que la quantité de celui qui est absorbé soit plus grande que celle qui a été emportée. Par conséquent, l'opinion de ceux qui croient qu'un espace vide contient plus de calorique qu'un espace plein d'air, et qui n'est appuyée que sur ces considérations, est absolument sans fondement. On ne peut croire, avec M. Leslie, que c'est l'air resté dans le récipient, à cause du vide imparfait, qui, venant à éprouver une grande réduction de volume par l'effet de celui qu'on y fait entrer, donne naissance à toute cette chaleur. S'il en étoit ainsi, il faudroit qu'en en introduisant un très-petit volume dans un récipient vide, il y eût une quantité de calorique absorbée, égale à-peu-près à celle dégagée lorsque le récipient est vide à cette même quantité d'air près, et qu'on le laisse remplir entièrement. Mais, bien loin de là, il se dégage toujours de la chaleur. Il peut paroître indifférent au premier abord que ce soit d'un espace vide ou occupé par de l'air très-dilaté, que soit dégagé le calorique lorsque l'air pénètre dans cet espace; mais il me semble que pour la théorie de la chaleur il est de la plus grande importance d'en connoître la source. Pour moi, malgré le vide le plus parfait que j'aie pu produire dans un de mes récipiens, j'ai toujours vu le thermomètre s'élever d'une manière très-marquée lorsque l'air de l'autre s'y est précipité, et je ne puis m'empêcher de conclure que la chaleur ne vient point de celui qui pouvoit y être resté.

M'étant assuré de ce fait important, que plus un espace est vide, et plus il s'en dégage de la chaleur lorsque l'air extérieur y pénètre, j'ai cherché à déterminer, par des expériences exactes, quelle relation il y avoit entre le calorique absorbé dans l'un des récipiens et celui dégagé dans l'autre, et comment ces variations de température dépendoient de celles de la densité de l'air. Pour abréger, j'appellerai n°. 1 le ballon où est enfermé le gaz qui fait le sujet de l'expérience, et n°. 2 celui qui est vide. C'est dans le premier qu'il se produit du froid, et dans le second de la chaleur. A chaque expérience, j'ai noté exactement le thermomètre extérieur et le baromètre; mais l'un n'ayant varié qu'entre 19 et 21 degrés centigrades, et l'autre qu'entre 0^m,755 et 0^m,765, les corrections qu'il y auroit à faire dans les résultats sont très-peu considérables, et peuvent être négligées. Pour voir quel rapport il y avoit entre les densités de l'air et les variations de température qui leur sont dues, j'ai opéré successivement sur de l'air dont les densités décroissoient comme les nombres 1, $\frac{1}{2}$, $\frac{1}{4}$, etc. Pour cela, après avoir fait passer l'air du récipient n°. 1 dans le récipient vide n°. 2, j'ai fait de nouveau le vide dans ce dernier, et j'ai attendu que l'équilibre de température fût parfaitement rétabli de part et d'autre. A cause de l'égalité de capacité des deux récipiens, la densité de l'air se trouvoit alors réduite à moitié. En ouvrant les robinets, l'air s'est encore partagé entre les deux ballons, et sa densité a été réduite au quart. J'aurois pu la porter ainsi successivement au huitième, au seizième, etc.; mais je me suis borné à la réduire au huitième; car au-delà les variations de température, qui vont sans cesse en diminuant, auroient pu difficilement être observées avec exactitude. Le tableau suivant renferme les résultats moyens de six expériences que j'ai faites sur l'air atmosphérique.

Densité de l'air exprimée par le baromètre.	Froid produit dans le ballon n°. 1.	Chaleur produite dans le ballon n°. 2.
0^m,76. . .	0°,61 . . .	0°,58
0^m,38. . .	0°,34 . . .	0°,34
0^m,19 . . .	0°,20 . . .	0°,20

Je ne rapporte dans ce tableau que la moyenne des résultats, parce que les plus grands écarts au-dessus ou au-dessous de cette moyenne n'ont été que de 0,05, la densité de l'air étant exprimée par 0^m,76 : quand les densités étoient exprimées par 0^m,38 et 0^m,19, ils ont été beaucoup plus petits.

En comparant maintenant les résultats, nous voyons que le calorique absorbé par l'air du ballon n°. 1, dans la première expérience, est 0°,61, tandis que celui qui est dégagé dans le récipient n°. 2, est seulement 0°,58. La différence entre ces deux nombres est déja assez petite pour qu'on pût l'attribuer à quelques circonstances dont on peut entrevoir l'influence, ou même aux erreurs de l'observation ; mais si on considère les résultats qui sont compris dans la deuxième et la troisième colonnes horisontales, on voit que les variations de température sont parfaitement égales entre elles. Je me crois donc suffisamment autorisé à conclure que lorsqu'on fait passer un volume donné d'air d'un récipient dans un autre qui soit vide et de même capacité, les variations de température sont égales de part et d'autre dans chaque récipient.

Les nombres 0,61, 0,34 et 0,20 qui expriment ces variations de température ne suivent pas exactement le rapport des densités de l'air ; ils diminuent suivant une loi moins rapide. Mais si nous considérons que dans chaque expérience le tems nécessaire, pour que tout l'effet fût produit, a été d'environ deux minutes, et que les refroidissemens ou les échauffemens sont d'autant plus grands dans le même tems, que la différence de température des milieux est plus grande, nous concevrons pourquoi le nombre 0,20 s'écarte plus d'être le quart de 0,61 que 0,34 d'en être la moitié. Et si nous voulons admettre cette cause comme celle qui produit ces différences ; nous conclurons qu'il est probable que lorsqu'on condense ou dilate l'air, les variations de température qu'il éprouve sont proportionnelles à ses variations de densité.

Si donc le nombre 0,20 a été moins influencé par les causes d'erreur que les deux autres, il doit être plus exact qu'eux; et par conséquent, d'après le rapport que nous venons d'établir, le nombre 0,61, qui exprime les variations de température de l'air quand sa densité est 0^m,76, est trop foible, et il devroit être porté au moins à 0,80. Toutefois ce dernier nombre n'exprime pas encore exactement tout le calorique qui a été absorbé ou dégagé. Pour avoir une idée de sa quantité, il faudroit avoir égard aux masses des récipiens et du thermomètre, qui sont très-considérables par rapport à celle de l'air. Un thermomètre à air, placé dans les mêmes circonstances que le thermomètre à alcool, a indiqué 5°,0, au lieu de 0°,61 qu'a indiqué ce dernier. Comme je dois revenir par la suite sur cet objet, d'après des expériences qui auront été dirigées uniquement vers ce but, je ne m'y arrêterai pas plus longtems; je remarquerai seulement que la chaleur dégagée ou absorbée est très-grande, comparée à la masse de l'air.

Pour éviter les effets de l'humidité, j'ai été

obligé de me servir de deux récipiens, dans l'un desquels étoit du muriate de chaux pour dessécher l'air. Mais quand j'ai fait entrer directement l'air extérieur dans le récipient vide, les effets thermométriques ont été presque doublés; ce qui s'accorde encore avec la loi que nous venons d'établir.

Cette loi, que les effets thermométriques suivent le même rapport que les densités de l'air, nous conduit à conclure qu'en diminuant ou en augmentant subitement un espace parfaitement vide, il ne s'y produira aucune variation de température. J'ai ainsi diminué l'espace vide d'un large tube barométrique, dans lequel j'avois placé une des boules d'un thermomètre à air très-sensible, et soit en inclinant le baromètre, soit en le redressant, je n'ai apperçu aucun changement de température.

Après ces expériences, il étoit extrêmement intéressant de savoir ce qui arriveroit avec le gaz hydrogène, dont la pesanteur spécifique est si différente de celle de l'air atmosphérique. J'ai rempli le récipient n°. 1 de ce gaz, et après l'avoir laissé douze heures en contact avec le muriate de chaux, pendant lesquelles j'ai eu soin de remplacer, par de nouveau gaz, le vide que laissoit la vapeur à mesure qu'elle étoit absorbée, j'ai ouvert la communication avec le récipient vide n°. 2. L'écoulement du gaz hydrogène a été instantané, comparativement à celui de l'air atmosphérique, et les variations de température ont été beaucoup plus considérables. L'ouverture de communication entre les deux ballons étoit restée la même pour les deux gaz, et en faisant attention à la grande différence de leurs pesanteurs spécifiques, il n'étoit pas difficile d'y reconnoître la vraie cause de l'inégalité des tems des écoulemens. Lorsqu'en effet deux fluides également comprimés s'échappent par deux petits orifices égaux, leurs vîtesses sont en raison inverse de la racine carrée de leurs densités. Si donc on veut, dans nos expériences, que les tems des écoulemens soient égaux, il faudra que les orifices soient entre eux comme les racines carrées des densités.

M. Leslie, fondé sur ces considérations, en avoit conclu une méthode très-élégante pour déterminer les pesanteurs spécifiques des fluides élastiques. Qu'on conçoive une vessie pleine d'un gaz, et pouvant communiquer au moyen d'un robinet à très-petite ouverture, avec une cloche pleine d'eau et reposant sur un bain très-large du même liquide. En ouvrant le robinet, le gaz passe de la vessie dans le récipient, parce qu'il n'y a plus équilibre de pression, et il lui faut un certain tems pour déprimer l'eau et la faire parvenir à un point donné. En notant le tems qu'il faut à chaque gaz pour que l'eau arrive au même point, les pesanteurs spécifiques seront en raison directe des carrés des tems employés (1).

Pour pouvoir comparer les effets des différens gaz par rapport aux variations de température qu'ils peuvent produire en changeant de volume, il étoit nécessaire de rendre les circonstances égales pour tous, et de modifier par conséquent mes appareils. Il falloit d'abord avoir un moyen de mesurer le tems de l'écoulement pour une ouverture donnée, et d'en avoir ensuite un autre pour varier les ouvertures, afin d'avoir le tems de l'écoulement constant.

Pour remplir le premier objet, j'ai placé un petit disque de papier de deux centimètres de diamètre sous l'ouverture du robinet du ballon

---

(1) *An experimental inquiry into the nature and propagation of heat,* by John Leslie, pag. 534.

vide. Ce disque est supporté par un anneau de fil de fer, portant un petit prolongement pour lui servir de levier et soutenir un contre-poids. Deux fils de soie servent d'axe au levier et tendent, par une légère torsion qu'on leur a fait éprouver, à ramener le disque à une position horisontale qu'un arrêt l'empêche de dépasser dans un sens. Quand un gaz entre dans le ballon, il frappe le disque, lui fait prendre une position verticale qu'un second arrêt l'empêche aussi de dépasser, et le tems de l'écoulement du gaz se mesure par celui qu'em-ploie le disque pour revenir à l'horisontalité.

Pour varier l'ouverture à volonté, j'avois prié M. Fortin de me construire un petit ap-pareil dont voici une courte description. C'est un disque métallique dans lequel est une ouver-ture terminée par deux cercles concentriques et par deux rayons faisant un angle un peu moindre que 180°. Un second disque demi-circulaire tourne à frottement sur le premier, et dans ses diverses positions intercepte plus ou moins de l'ouverture. Au moyen de cette disposition et de divisions gravées sur le contour de chaque disque, il est facile de la faire varier à volonté, et d'une quantité parfaitement dé-terminée.

Comme je n'avois pas tenu compte du tems dans mes expériences sur l'air atmosphérique, je les ai recommencées sous ce point de vue, et j'ai trouvé constamment que le tems de l'écoulement étoit de 11″. Ce tems n'a pas varié avec la densité de l'air, et cela devoit être ; mais il n'en est pas moins curieux de voir la théorie si bien confirmée par l'expérience.

Pour le gaz hydrogène, j'ai donc diminué l'ouverture jusqu'à ce que le tems de l'écoulement fût égal à celui de l'air atmosphérique. Malgré cette égalité de circonstances, les variations de température ont été très-différentes, comme on va le voir par les résultats moyens de quatre expériences.

Densité du gaz hydrogène exprimée par le baromètre.	Froid produit dans le ballon n°. 1.	Chaleur produite dans le ballon n°. 2.
0ᵐ,76. . .	0°,92. . .	0°,77
0ᵐ,38. . .	0°,54. . .	0°,54

Le froid produit dans le ballon où étoit le gaz hydrogène, au lieu d'être 0°,61, comme pour l'air atmosphérique, a été 0°,92, et la chaleur, au lieu d'être 0°,58, s'est trouvée de 0°,77. La différence qu'il y a entre 0,92 et 0,77 est beaucoup plus grande que celle de 0,61 à 0,58; mais comme il n'est pourtant pas probable que les variations de température qui sont dues au gaz hydrogène, suivent entre elles un autre rapport que celles qui sont dues à l'air atmosphérique, je suis porté à croire que la différence de 0,77 à 0,92 tient uniquement à quelque circonstance de l'expérience. On va voir en effet, que lorsque les températures s'éloignent moins en dessus ou en dessous de celles du milieu ambiant, il y a une plus grande égalité dans leur intensité.

La densité du gaz hydrogène se trouvant réduite à moitié dans les deux ballons, j'ai fait le vide dans le n°. 2, et après le rétablissement d'une température uniforme, je l'ai fait communiquer de nouveau avec le n°. 1. Je suppose ici que je n'ai fait qu'une expérience; mais c'est effectivement le résultat moyen de quatre expériences que je considère. La chaleur absorbée a été 0°,54, et celle dégagée également 0°,54. Ce nombre est au-dessus de la moitié de celui

0,92 qu'a donné la première expérience, et
leur différence est plus grande que celle qu'ont
présentée les deux nombres correspondans 0°,34
et 0°,61 dans les expériences sur l'air atmosphérique ; ce qui me semble confirmer encore
que c'est lorsque les variations de température
sont très-grandes, que les erreurs sont aussi
les plus fortes. Il me semble donc que lorsque
le gaz hydrogène éprouve des variations de
volume, par un accroissement ou par une
diminution des poids qui le compriment, les
variations de température qui en résultent suivent
la même loi que celles dues à l'air atmosphérique, mais qu'elles sont beaucoup plus considérables.

Je ferai remarquer à cette occasion que
M. Leslie, dont l'ouvrage sur la chaleur renferme de très-belles expériences et beaucoup
de vues nouvelles, a été induit en erreur par
quelque cause particulière lorsqu'il a vu le gaz
hydrogène qu'il faisoit entrer dans un récipient
vide à un dixième près d'air atmosphérique,
produire le même effet que ce dernier quand
il le lui substituoit. Nous venons de voir que
les variations de température que produisent
ces deux fluides élastiques sont très-différentes,
et que par conséquent la conclusion qu'il avoit

tirée, qu'ils contiennent sous le même volume la même quantité de calorique, tombe d'elle-même (1).

M'étant assuré, autant qu'il étoit en moi, des variations de température qui accompagnent celles des densités du gaz hydrogène, je me suis occupé du gaz acide carbonique.

Après avoir déterminé, par quelques essais, l'ouverture convenable pour que le tems de l'écoulement fût de 11″, comme pour ceux de l'air atmosphérique et du gaz hydrogène, j'ai opéré comme pour ces derniers gaz, et j'ai formé de la même manière le tableau suivant, qui renferme les résultats moyens de cinq expériences. Il est à remarquer que lorsque le gaz acide carbonique se précipitoit dans le ballon vide, il faisoit entendre un grand sifflement. Il est en général d'autant plus grand, que les gaz ont plus de pesanteur spécifique.

---

(1) *An experimental inquiry*, etc, pag. 533.

DENSITÉ DU GAZ acide carbonique exprimée par le baromètre.	FROID PRODUIT dans le ballon n°. 1.	Chaleur produite dans le ballon n°. 2.
$0^m,76$. . .	$0°,56$. . .	$0°,50$
$0^m,38$. . .	$0°,30$. . .	$0°,31$

Les variations de température, soit positives, soit négatives, approchent beaucoup, comme on voit, d'être égales et de suivre la loi des densités ; mais elles sont plus petites que celles de l'air atmosphérique, et, à plus forte raison, que celles du gaz hydrogène.

De même le gaz oxigène a donné, dans une seule expérience, il est vrai, mais faite avec beaucoup de soins, les résultats suivans :

DENSITÉ du gaz oxigène exprimée par le baromètre.	FROID PRODUIT dans le ballon n°. 1.	Chaleur produite dans le ballon n°. 2.
$0^m,76$. . .	$0°,58$. . .	$0°,56$
$0^m,38$. . .	$0°,31$. . .	$0°,32$

Jusqu'à présent je n'ai pu donner plus d'étendue à mes expériences. Si nous comparons cependant les résultats que nous avons obtenus, nous serons en état d'en tirer de nouvelles conséquences à la suite de celles que nous avons déja énoncées.

Toutes circonstances égales d'ailleurs, nous reconnoîtrons en effet que les variations de température produites par les changemens de volume des gaz sont d'autant plus grandes, que les pesanteurs spécifiques de ces derniers sont plus petites. Ces variations sont moindres pour le gaz acide carbonique que pour le gaz oxigène; moindres pour le gaz oxigène que pour l'air atmosphérique; et beaucoup moindres enfin pour ce dernier que pour le gaz hydrogène, qui est le plus léger de tous. De plus, si nous remarquons que tous les gaz se dilatent également par la chaleur, et que, dans nos expériences, en occupant des volumes plus grands, mais égaux, ils ont absorbé des quantités de calorique d'autant plus grandes qu'ils ont moins de pesanteur spécifique, nous tirerons cette conséquence importante, savoir, que les capacités des gaz pour le calorique, sous des volumes égaux, suivent un rapport croissant quand leurs pesanteurs spécifiques diminuent. Mes expériences ne m'ont point encore appris quelle est la nature de ce rapport. Je regarde cependant comme possible de le déterminer, et j'espère en faire un sujet d'expériences particulier.

Le gaz hydrogène seroit donc celui de tous les gaz connus qui auroit le plus de capacité pour le calorique, si toutefois je ne me fais point illusion sur les résultats de mes expériences. Et puisque les gaz oxigène et azote diffèrent peu en pesanteur spécifique, il en résulteroit qu'ils auroient à très-peu-près la même capacité pour le calorique. Voilà pourquoi dans le Mémoire déja cité, sur l'analyse de l'air, nous avions trouvé que ces deux gaz arrêtoient à très-peu-près au même point la combustion du gaz hydrogène. Voilà encore pourquoi j'ai trouvé récemment que le gaz hydrogène l'arrête plutôt que l'oxigène et l'azote. Il seroit curieux de connoître exactement l'influence de chaque gaz pour arrêter la combustion du gaz hydrogène, et je compte aussi faire à ce sujet de nouvelles recherches.

En rapprochant les divers résultats que j'ai fait connoître dans ce Mémoire, je crois pouvoir présenter comme très-probables les conséquences suivantes qui en découlent naturellement.

1º. Lorsqu'un espace vide vient à être occupé par un gaz, le calorique qui se dégage n'est point dû au peu d'air qu'on pourroit supposer y être resté.

2º. Si l'on fait communiquer deux espaces déterminés, dont l'un soit vide et l'autre plein d'un gaz, les variations thermométriques qui ont lieu dans chaque espace sont égales entre elles.

3º. Pour le même gaz, ces variations thermométriques sont proportionnelles aux changemens de densité qu'il éprouve.

4º. Les variations de température ne sont pas les mêmes pour tous les gaz. Elles sont d'autant plus grandes, que leurs pesanteurs spécifiques sont plus petites.

5º. Les capacités d'un même gaz pour le calorique diminuent sous le même volume avec sa densité.

6º. Les capacités des gaz pour le calorique, sous des volumes égaux, sont d'autant plus grandes, que leurs pesanteurs spécifiques sont plus petites.

Je crois devoir rappeler encore que je ne présente ces conséquences qu'avec la plus grande réserve, sentant moi-même combien j'ai encore besoin de varier mes expériences, et combien

il est facile de s'égarer dans l'interprétation des
résultats : mais quoique les nouvelles recherches
dans lesquelles elles m'ont engagé soient immenses, je ne me laisserai point rebuter par
leur difficulté.

SUR LA VAPORISATION

DES CORPS.

Par M. Gay-Lussac.

Lu à la Société, le 26 février 1807.

Tous ceux qui font des expériences et qui en suivent scrupuleusement toutes les circonstances, ont dû observer que lorsqu'on expose un corps à la chaleur dans un vase qui n'a aucune communication directe avec l'air, ou au moins qu'une très-foible, la vaporisation de ce corps n'a pas sensiblement lieu, pourvu qu'il soit éloigné de quelques degrés de celui où il entre en ébullition, tandis qu'à l'air libre, et d'ailleurs dans les mêmes circonstances, il donne des vapeurs très-abondantes. On a dû observer encore qu'en décomposant un corps par un autre, il arrive souvent qu'à une température ordinaire, la décomposition ne peut se faire dans des vaisseaux fermés, et qu'elle se fait, sinon en totalité, au moins en partie, lorsque le mélange est exposé directement à l'air. Les faits qu'on pourroit citer à cet égard sont extrêmement nombreux, mais jusqu'à présent personne n'a cherché, à ma connoissance, à en expliquer un seul, et encore moins à faire voir qu'ils dépendent tous de la même cause. Je me propose donc de suppléer ici au silence qu'on a gardé sur cet objet. Après avoir cité quelques faits parmi ceux qui sont les plus familiers à tout le monde, j'en donnerai l'explication fondée sur les connoissances qu'on a sur l'évaporation, et je l'appliquerai ensuite à quelques phénomènes que présente la distillation du mélange de deux corps peu différens en volatilité.

Quand on verse de l'acide sulfurique concentré sur du nitrate de potasse sans employer l'action de la chaleur, il se dégage des vapeurs d'acide nitrique qui peuvent continuer très-longtems à l'air libre; mais si celui-ci ne peut se renouveler à la surface du mélange, elles cessent bientôt.

Le muriate de potasse peut être tenu en fusion pendant plusieurs heures sans qu'il perde sensiblement de son poids, pourvu que l'air ne

puisse pas se renouveler facilement à sa surface ;
car autrement la perte qui se feroit par l'évaporation seroit considérable. J'ai pris 3o gram.
de ce sel bien desséché, et je l'ai tenu en fusion
dans un creuset de platine, garanti seulement
de l'air par le couvercle du creuset qui ne
fermoit pas exactement. La perte , pendant 3o′,
a été de o gr. o85. En répétant la même expérience sans couvrir le creuset, la perte a été
de o gr. 62o , c'est-à-dire sept fois plus grande
que dans le premier cas, quoique la température du sel fût nécessairement plus foible, à
cause du renouvellement rapide de l'air à sa
surface. Aussitôt qu'on couvroit le creuset, on
n'appercevoit plus aucune vapeur à travers les
petites ouvertures qui restoient entre lui et le
couvercle ; mais à peine étoit-il découvert,
qu'elles paroissoient en grande abondance. Je
suis convaincu , d'après ces expériences et plusieurs autres que j'ai faites en fermant le creuset
plus ou moins, que la perte peut être rendue
nulle ou à-peu-près , en le couvrant assez exactement pour interdire toute communication
avec l'air ambiant ; mais cependant sans opposer de résistance à l'effort des vapeurs inté-
rieures. Ainsi , lorsqu'on voudra priver d'eau
des sels peu volatils , tels que celui dont nous

venons de parler, on pourra les tenir rouges
pendant 30' au moins, sans craindre d'en
perdre par la volatilisation, pourvu qu'on couvre
exactement le creuset. J'étends ce que je viens
de dire du muriate de potasse aux autres sels;
car je me suis assuré pour plusieurs, et particulièrement pour le muriate de soude et celui
de fer, qu'ils se comportoient de même : volatilisation très-foible ou nulle dans des creusets
fermés; vapeurs au contraire très-abondantes
dans des creusets ouverts. Pareillement la potasse et la soude fument très-peu dans le premier
cas, et beaucoup dans le second.

Ce seroit en vain qu'on voudroit distiller du
zinc dans un vase n'ayant qu'une légère communication avec l'air, et également échauffé
dans tous les sens, si la température n'étoit
pas suffisante pour le faire bouillir. Un mélange d'oxide de zinc et de charbon donneroit pourtant, dans les mêmes circonstances,
un très-beau sublimé métallique. On sait aussi
que pour faire des fleurs de zinc, il faut, indépen-
damment de l'oxidation, un courant d'air au-
dessus de la surface du métal.

Le plomb, l'antimoine, le bismuth fument
beaucoup à une température rouge dans des
creusets ouverts, et paroissent par conséquent

très-volatils. Dans des creusets fermés, ils ne donneroient pas de sublimé, et paroîtroient au contraire très-fixes.

C'est encore un fait analogue, qu'on ne peut faire des fleurs de soufre dans un appareil distillatoire très-petit. Pour volatiliser le soufre dans un semblable appareil, il faut une température assez élevée pour le faire bouillir, ou peu inférieure à celle-ci. Mais alors l'intérieur du petit récipient où se fait la condensation étant lui-même très-chaud, le soufre qui s'y condense ne prend point tout de suite la forme solide. Il s'agglutine sur les parois en s'y précipitant, et on n'obtient ainsi que du soufre en masse. Si au contraire le récipient est très-grand, tel qu'une chambre, par exemple, le courant d'air au-dessus de la surface du soufre est beaucoup plus rapide, la température de l'intérieur du récipient est beaucoup moins élevée, et les vapeurs qui s'y condensent prenant subitement l'état solide, forment une poussière légère qui ne s'agglutine plus lorsqu'elle vient à se précipiter sur les parois du récipient, et qui constitue les fleurs de soufre.

Enfin, pour ne pas trop multiplier les exemples, et pour finir par un qui est connu de tout le monde, et qui doit servir à expliquer tous les autres, je ne citerai plus que l'évaporation de l'eau.

On sait que lorsque ce liquide est exposé à l'air, il s'y évapore à toutes les températures. Mais Fontana a fait voir depuis longtems que si le vase distillatoire dans lequel il est enfermé ne communique que par une petite ouverture avec son récipient, qu'on peut supposer très-grand, il n'y a de distillation qu'autant qu'il peut s'établir un courant d'air dans l'appareil.

Cet exemple est parfaitement analogue à tous ceux que j'ai cités jusqu'à présent, et il suffit de rappeler en peu de mots les diverses circonstances connues de la conversion de l'eau en vapeurs pour pouvoir les expliquer tous.

Lorsque l'eau porte immédiatement à sa surface une colonne de mercure, égale, par exemple, à la pression de l'atmosphère, elle ne se réduit en vapeurs que lorsque celles-ci doivent avoir une force élastique capable de vaincre cette pression. Dans le vide, au contraire, comme dans l'air et dans un gaz quelconque, l'eau s'y réduit en vapeurs à toutes les températures, et on a reconnu et posé comme principe, que la densité de sa vapeur dans un espace ou vide ou occupé par un fluide élastique quelconque, qui

I. 14

n'auroit pas d'action chimique sensible sur elle,
n'est absolument dépendante que de la température. D'après ces principes, qui sont trop bien
connus pour que j'insiste plus longtems dessus,
on conçoit parfaitement pourquoi, quoique
l'eau se mette en vapeurs dans un espace occupé
par de l'air, mais limité, et ne communiquant
avec l'air extérieur ou avec un récipient, que
par une petite ouverture qui s'oppose au renouvellement facile de l'air, il ne peut y avoir
d'évaporation au-dessous du degré de son ébullition. Une fois que la vapeur a pris dans cet
espace toute la densité qu'elle doit avoir, il
ne peut s'y en former de nouvelle, si d'autre
air ne vient remplacer celui qui est déja saturé.
Tel est ce qui arrive avec le muriate de potasse,
qui ne s'évapore pas dans un creuset médiocre-
ment fermé, tandis qu'il s'évapore beaucoup
s'il a le contact libre de l'air. Tel est encore
ce qui arrive dans la distillation d'un mélange
d'oxide de zinc et de charbon pendant laquelle
il se dégage du gaz oxide de carbone qui emporte les vapeurs de zinc à mesure qu'elles se
forment. Tel est enfin ce qui a lieu dans tous
les autres exemples que j'ai cités, et qu'il seroit
facile de multiplier beaucoup plus.

Remarquons pourtant encore combien il est

important de faire attention à l'évaporation des corps par le moyen de l'air, pour ne pas s'exposer à commettre des erreurs. Pour juger du degré de volatilité d'un corps peu volatil, on ne peut le faire que comparativement et en prenant pour indices les produits de sa volatilisation. Or si on ne fait pas attention à cette propriété des corps, de ne pouvoir s'évaporer au-dessous du degré de leur ébullition, quand ils sont enfermés dans des vases qui n'ont que peu ou point de communication avec l'air, tandis que le contraire a parfaitement lieu dans des circonstances semblables à l'air libre, on sera nécessairement conduit à regarder comme très-volatil dans un cas, un corps qui paroîtroit très-fixe dans un autre. Par exemple, le muriate de potasse et l'antimoine fument beaucoup quand ils sont rouges et exposés à l'air. On en concluroit donc, et avec raison, qu'à cette température ils se réduisent en vapeurs. Mais si on couvre légèrement les creusets dans lesquels ils sont enfermés, ils ne perdront pas sensiblement de leurs poids, et si on ne fait pas attention à la différence des circonstances, on en conclura au contraire qu'ils sont fixes.

Ce principe, que les vapeurs d'un corps

peuvent se former indéfiniment à l'air libre, et que leur densité ne dépend que de la température, trouve son application dans la distillation de deux corps simplement mélangés qui ne diffèrent pas beaucoup en volatilité, et il sert à expliquer pourquoi dans ce cas le plus volatil emporte toujours de l'autre. Quoique je n'exclue pas l'affinité des causes qui pourroient contribuer à cet effet, je pense cependant qu'il peut également avoir lieu sans elle, et je vais supposer en conséquence que les vapeurs des deux corps que je considère n'ont aucune affinité entre elles, et qu'elles agissent l'une sur l'autre comme le gaz oxigène sur le gaz azote.

Quand on soumet donc à l'action de la chaleur un mélange de deux corps peu différens en volatilité, l'alcool et l'eau, par exemple, il arrive bientôt qu'il entre en ébullition. A cette époque, l'alcool a toute sa tension, tandis que l'eau n'a qu'une partie de celle qu'elle est susceptible de prendre sous la même pression par une plus grande élévation de température. Si maintenant l'eau étoit seule dans le vase distillatoire, il est évident, d'après ce qui précède, qu'étant encore éloignée du degré de son ébullition, elle ne pourroit point se distiller sans un courant d'air. Mais comme l'alcool

qui est mêlé avec elle bout, il en résulte un
fluide élastique dont l'action sur la vapeur de
l'eau remplace celle de l'air, et les deux fluides
se distillent ensemble dans des proportions
dépendantes de celles du mélange. On voit
donc que par ce procédé il seroit impossible
d'avoir de l'alcool parfaitement exempt d'eau.
On y réussiroit mieux en distillant le mélange
sous une compression beaucoup moins forte que
celle de l'atmosphère, parce qu'il bouilliroit
beaucoup plus vîte, et qu'alors le rapport de la
quantité de la vapeur de l'alcool à celle de l'eau
seroit beaucoup plus grand. Mais, par ce moyen,
on ne sépareroit pas encore totalement les
deux liquides, et il est plus avantageux d'a-
jouter au mélange, comme on le fait ordinairement, un corps fixe, tel que le muriate de
chaux, qui, ayant beaucoup d'affinité pour
l'eau, diminue sa volatilité bien plus que celle
de l'alcool. C'est par la même raison qu'on
ne peut séparer le muriate d'étain et celui
d'antimoine par l'action de la chaleur, quoiqu'ils ne soient pas également volatils.

Il seroit inutile de citer d'autres faits qui,
tous analogues entre eux, recevroient les mêmes
explications. En terminant, je me contenterai
de rappeler que l'eau est nécessaire pour

décomposer, par la chaleur, la pierre à chaux
et plusieurs autres carbonates, afin de fixer
l'attention sur un fait très-singulier qui, sous
quelques rapports, a de l'analogie avec ceux
qui ont fait le sujet de cette note, mais qui,
sous d'autres, paroît au contraire s'en éloigner.

MÉMOIRE

Sur la décomposition des sulfates par la chaleur.

Par M. Gay-Lussac.

Lu à la Société, le 11 avril 1807.

L'action du calorique sur les sulfates, dont je vais faire l'objet de ce mémoire, avoit paru jusqu'à présent parfaitement déterminée. On pensoit qu'en distillant un sulfate métallique on obtenoit de l'acide sulfurique, si l'oxide n'étoit pas susceptible d'un degré ultérieur d'oxidation, ou de l'acide sulfureux et de l'acide sulfurique s'il pouvoit s'oxider davantage. On pensoit aussi que tous les sulfates alcalins et terreux, avec excès d'acide, étoient ramenés à l'état neutre par l'action du calorique, ou entièrement décomposés, en ne donnant pour résultat que de l'acide sulfurique. Cette théorie n'est point l'expression de faits exactement observés :

mais elle avoit trop l'apparence de la simplicité
pour laisser les chimistes dans le doute , et
les engager , avant de l'admettre , à la vérifier
par l'expérience. Je ne m'en serois sûrement
pas occupé moi-même , si , pour expliquer
ce qui a lieu dans la calcination de la mine
d'alun de la Tolfa, je n'eusse distillé de l'alun,
et reconnu qu'une grande partie de son
acide se dégageoit en gaz oxigène et en gaz
acide sulfureux (1). En réfléchissant depuis sur
ce fait , j'ai pensé que les sulfates métalliques , qui ont beaucoup de rapports avec
l'alun par leur acidité , éprouveroient peut-être
une décomposition semblable. Guidé par cette
analogie , ne me suis livré à quelques expériences qui m'ont bientôt appris qu'on n'a-
voit pas eu des idées précises de l'action de
la chaleur sur les sulfates. Les recherches que
j'ai faites , et dans lesquelles j'ai été secondé
avec beaucoup de zèle par M. Tordeux, sont
loin cependant d'être complettes. Je n'ai pu leur
consacrer que quelques momens , et ne pouvant
à présent continuer à m'en occuper , je m'em-
presse, tout imparfaites qu'elles sont , de les
présenter aux chimistes.

---

(1) Annales de chimie, tom. 55, pag. 271.

L'appareil dont on s'est servi pour la décomposition des sulfates consiste en une cornue de grès ou de verre lutée, communiquant, au moyen d'une allonge, à un récipient tubulé, duquel partoit un tube de Welter pour recueillir les gaz. Quand il n'a dû se dégager que très-peu d'acide sulfurique, ou quand on s'est servi de la cuve au mercure, on s'est contenté d'adapter directement à la cornue le tube de Welter.

Le premier sulfate qui a été ainsi soumis à l'action de la chaleur, est le sulfate de cuivre. Il a d'abord passé de l'eau ; mais aussitôt que la cornue a commencé à rougir, il s'est élevé des vapeurs blanches d'acide sulfurique, qui étoient accompagnées d'un gaz nébuleux, sentant vivement l'acide sulfureux, et dans lequel une alumette s'enflammoit plusieurs fois de suite quand il avoit été lavé. Ce gaz étoit donc un mélange de gaz acide sulfureux et de gaz oxigène. A mesure que la distillation faisoit des progrès, il m'a paru que la quantité d'acide sulfurique diminuoit relativement à celle du gaz oxigène et de l'acide sulfureux, et que par conséquent, il échappoit moins d'acide à la décomposition qu'au commencement de l'opération. Quand il ne s'est plus

rien dégagé, j'ai retiré la cornue. L'oxide
n'avoit pas éprouvé de fusion, et il rétenoit
de l'acide ; ce qui prouve qu'à une température plus élevée le sulfate de cuivre eût été
décomposé plus complettement. L'acide sulfureux et le gaz oxigène provenoient nécés-
sairement de la décomposition immédiate de
l'acide sulfurique. L'oxide de cuivre s'est dissous en effet dans l'acide nitrique sans effervescence , et on sait que dans la distillation
de son sulfate il ne prend pas un degré plus
élevé d'oxidation. Ces deux gaz étoient à-peu-
près entre eux, en volume , comme 2 est à 1 :
mais je reviendrai plus bas sur la détermination
exacte de ce rapport et sur le mode de décomposition qu'éprouve l'acide sulfurique (1).

Quoique ce soit en distillant le sulfate de fer

---

(1) M. Proust, dont on connoît l'exactitude, a aussi
décomposé le sulfate de cuivre (Ann. de chim. tom. 32);
mais il dit n'avoir obtenu que de l'acide sulfurique et
de l'eau. Ce résultat, contraire à ceux que je viens d'annoncer, est facile à expliquer; car M. Proust ayant fait
la décomposition dans un creuset, il n'a pu juger par
l'odeur seule de la nature de tous les produits. Les sulfates de nickel et de cobalt se seroient encore comportés
très-probablement comme le sulfate de cuivre.

qu'on a préparé pendant longtems l'acide
sulfurique , et qu'il ait été un objet continuel
de recherches , on n'avoit pas fait attention
à plusieurs circonstances que présente sa décomposition. On savoit , il est vrai , que
l'acide sulfurique étoit toujours accompagné
d'acide sulfureux ; mais comme le fer prend
dans cette opération un plus haut degré d'oxidation , on supposoit que c'étoit lui qui , en
décomposant l'acide sulfurique , donnoit naissance à tout l'acide sulfureux. M. Chaptal est ,
je crois , le premier qui ait remarqué qu'on
obtenoit aussi un peu d'oxigène (1). Le sulfate
de fer éprouve en effet , par la chaleur , la
même décomposition que le sulfate de cuivre.
Les résultats n'en sont modifiés que par cette
circonstance , que le métal pouvant prendre
un plus haut degré d'oxidation , il se dégage ,
relativement , plus d'acide sulfureux que de gaz
oxigène.

Les sulfates de manganèse et de zinc m'ont
présenté exactement les mêmes phénomènes
que le sulfate de cuivre. Je ne m'arrêterai
donc pas à les décrire. J'observerai seulement

---

(1) Chimie appliquée aux arts, tom. 3, p. 49.

qu'on peut préparer facilement le premier de
ces sels en calcinant au rouge l'oxide noir de
manganèse , car après cette calcination il se
dissout très-bien dans l'acide sulfurique.

Quand on fait agir l'acide sulfurique concentré sur l'étain , l'antimoine et le bismuth,
il se fait deux combinaisons. L'une qui est très-
soluble , retient beaucoup d'acide et très-peu
d'oxide ; l'autre , au contraire , est formée de
beaucoup plus d'oxide que d'acide , et a peu
de solubilité.

Si on distille la première de ces combinaisons,
l'acide sulfurique se volatilise comme s'il étoit
seul ; mais si on distille la seconde , dans laquelle l'acide sulfurique est retenu avec plus
de force , ou obtient du gaz oxigène et du
gaz sulfureux.

Les sels qui ont été examinés jusqu'à présent
ont donné des produits différens suivant la
force avec laquelle l'acide sulfurique s'y trouve
combiné. Quand il est retenu foiblement , et
qu'il n'a éprouvé aucune condensation , il se
volatilise par la chaleur comme s'il étoit seul,
sans se décomposer. S'il est retenu avec plus
de force , une partie seulement échappe à la
décomposition , et l'autre se change en gaz
oxigène et en gaz-acide sulfureux. Les sulfates

insolubles, dans lesquels il n'y a aucun signe d'acidité, paroissant retenir l'acide avec beaucoup de force, il est essentiel de savoir quelle est l'action du calorique sur eux.

J'ai mis du sulfate d'argent dans une cornue de verre non lutée, et portant un tube pour recueillir les gaz. Quand elle a commencé à devenir rouge, le sel s'est fondu, mais il ne s'est pas décomposé. L'ayant retiré, je l'ai exposé dans une cornue de grès à un feu plus violent, et il s'est alors dégagé beaucoup de gaz oxigène mêlé d'acide sulfureux, comme M. Fourcroy l'a annoncé. Je n'ai point apperçu de vapeurs épaisses et blanches, comme dans les expériences précédentes, parce qu'il s'est dégagé très-peu d'acide sulfurique. L'opération terminée, j'ai trouvé dans la cornue de l'argent en culot parfaitement réduit. Ainsi, de même que les autres sulfates, celui d'argent se décompose par l'action du calorique; mais il donne plus d'oxigène qu'eux; d'une part, à cause de la réduction du métal, et de l'autre, parce qu'il ne laisse dégager que très-peu d'acide sulfurique.

J'ai ensuite préparé du sulfate de mercure en précipitant du nitrate de mercure peu oxidé avec du sulfate de soude. Le précipité lavé et séché a été exposé à la chaleur dans une

cornue de verre non lutée. A peine celle-ci
a-t-elle commencé à rougir que le sel est entré
en fusion, et que bientôt il s'est décomposé.
Il a passé très-peu d'acide sulfurique et il s'est
sublimé du mercure avec un peu de sulfate.
Les autres produits ont été de l'acide sulfureux
et du gaz oxigène mélangés dans le rapport
de 51,5 à 48,5. Quoique l'oxide de mercure
demande pour se réduire une température
plus élevée que l'oxide d'argent, le sulfate
de mercure se décompose cependant plus facilement que celui d'argent. Cette différence
peut dépendre sans doute en partie de l'affinité des métaux pour l'acide sulfurique, mais
elle doit aussi tenir à la grande volatilité du
mercure. En général il me paroît que l'affinité, la réduction plus ou moins facile des
métaux et leur volatilité, doivent être regardées comme autant de causes qui peuvent modifier l'action du calorique sur leurs sulfates.

D'après une première expérience dans laquelle
je n'avois pas employé une température suffisamment élevée, j'avois conclu que le sulfate de plomb ne se décomposoit pas par la
chaleur. Mais en me servant d'un fourneau
à réverbère, surmonté d'une cheminée, j'ai
obtenu une décomposition, et j'ai recueilli

beaucoup de gaz oxigène et d'acide sulfureux. Je n'ai pas apperçu de plomb réduit ni une quantité très-sensible d'acide sulfurique. Il seroit bien possible que la séparation de l'acide eût été déterminée par l'action de la cornue de grès; car elle étoit recouverte intérieurement d'un vernis vitreux. Quoi qu'il en soit cependant, il est évident que le sulfate de plomb, qui est insoluble et sans excès d'acide, et dont la décomposition ne peut être favorisée ni par la facile réduction de l'oxide, ni par la volatilité du métal, est beaucoup plus difficilement décomposable par le feu que les sulfates acides et solubles. On pourroit donc conclure que les sulfates insolubles résistent plus à l'action du calorique que ceux qui sont solubles, et qu'ils laissent dégager beaucoup moins d'acide sulfurique. Mais pour que cette conclusion ait plus de généralité, il faut faire entrer en considération, la réduction plus ou moins facile des métaux et leur volatilité.

On a pu remarquer que les sulfates solubles ont donné plus d'acide sulfurique que ceux qui sont insolubles. Quand les premiers ont perdu une partie de leur acide, leur solubilité en est diminuée, l'acide restant est retenu avec plus de force , et ils doivent alors se rapprocher des seconds. On peut donc concevoir dans les sulfates métalliques deux portions d'acide ; l'une , qui est retenue foiblement , s'échappe sans éprouver la décomposition ; l'autre , qui est retenue plus fortement , supporte une température plus élevée , et se décompose en acide sulfureux et en gaz oxigène. Ces deux portions d'acide qu'on peut concevoir dans les sulfates varient pour chacun d'eux , et il paroît , toutes les autres circonstances étant d'ailleurs égales , que plus un sel est soluble et avec excès d'acide , plus on obtient d'acide sulfurique dans sa distillation. C'est à cause de cette propriété qu'on peut préparer de l'acide sulfurique , comme on le fait en Allemagne , en distillant du sulfate de fer ou du sulfate de zinc. Les sulfates insolubles ne seroient nullement propres à cet objet.

La décomposition des sulfates par la chaleur peut nous conduire à la connoissance de plusieurs phénomènes que présente le grillage des sulfures métalliques. Je savois que dans plusieurs fabriques on fait le sulfate de cuivre en grillant le sulfure dans des fourneaux à réverbère. A Goslard on prépare aussi du sulfate de zinc par un procédé semblable. J'ai essayé

d'imiter cette opération en petit et j'ai parfaitement réussi. Répétée sur du sulfure de
fer, et sur un mélange de soufre et d'oxide
noir de manganèse, elle m'a encore donné des
sulfates. La température à laquelle ces sulfures
ont été grillés, est la chaleur rouge à peine
visible. Si elle eût été beaucoup plus élevée, les
sulfates auroient été détruits, ou ils n'auroient
pu se former. Il est à remarquer cependant que,
puisque la distillation des sulfates à une chaleur
rouge ne les détruit pas complettement, le
grillage fait à la même température doit produire cette partie qui ne seroit pas décomposée.

Puisque d'une part il se produit du sulfate
dans le grillage d'un sulfure, et que de l'autre
ce même sulfate peut se décomposer à une température plus élevée, il est évident que plus il
résiste à l'action de la chaleur, plus il doit
être facile de changer le sulfure en sulfate ; car
l'échelle de température dans laquelle ce changement peut avoir lieu, est beaucoup plus étendue que s'il se décomposoit facilement. C'est
aussi ce qui est conforme à l'expérience. M. Gueniveau (1) rapporte que dans le grillage du

(1) Journal des Mines. vol. 21.

sulfure de plomb, il se produit beaucoup de sulfate très-difficile à décomposer. Il n'a pu lui-même y parvenir qu'en le calcinant avec de nouveau sulfure. Dans cette opération, le sulfure ajouté partage l'oxigène de l'acide sulfurique, et le soufre se dégage sous la forme de gaz acide sulfureux. Dans le grillage d'une mine, en grand au fourneau de réverbère, pendant lequel les mêmes circonstances doivent se rencontrer, M. Gueniveau pense que la désulfuration se fait d'une manière semblable.

La formation de l'acide sulfurique dans le grillage des sulfures métalliques ne leur est point particulière ; elle a aussi lieu, et d'une manière bien plus marquée, dans le grillage des sulfures alcalins. J'ai fait du sulfure de potasse qui est resté liquide à une légère chaleur rouge pendant tout le tems qu'il n'a pas eu le contact de l'air ; mais aussitôt qu'il en a eu le libre accès il a commencé à s'épaissir. Peu de tems après il s'est pris en masse, parce qu'il s'étoit déja formé beaucoup de sulfate. Je l'ai retiré du feu pour le pulvériser, et je l'ai exposé de nouveau à l'action de la chaleur. En moins d'une heure il avoit perdu sa saveur sulfureuse, et ne précipitoit l'acétate de plomb qu'en blanc. Les acides sulfurique et muria-

tique n'en ont rien dégagé. Le sulfure de barite, traité de même, m'a aussi donné du
sulfate ; mais après trois heures de grillage à
une chaleur rouge, il étoit encore sulfuré.
J'ai essayé ces deux sulfures alcalins, et plusieurs sulfures métalliques à différentes époques
du grillage, sans pouvoir en dégager jamais
de l'acide sulfureux. Il faut par conséquent
qu'ils passent immédiatement à l'état de sulfates.

On conçoit très-bien pourquoi les sulfures
alcalins passent immédiatement dans le grillage à l'état de sulfates ; car M. Berthollet a
fait voir (Mém. de l'Acad.) que le sulfite de
potasse se change en sulfate à une chaleur
rouge en présentant alors un excès de soufre
et d'alcali. En traitant de même du sulfite de
plomb, j'ai obtenu beaucoup d'acide sulfureux ;
ce qui prouve que l'oxide de plomb a une
action bien plus foible sur l'acide sulfurique
que la potasse. Il est probable cependant qu'il
se forme aussi du sulfate avec cet oxide, et si
je ne puis l'affirmer, c'est parce que celui que
j'ai trouvé dans le résidu pouvoit provenir de
l'acide sulfurique que contenoit mon acide sulfureux.

Tous les sulfures métalliques ne sont pas

cependant également propres à donner des sulfates par le grillage. Une condition nécessaire
pour la formation de l'acide sulfurique, est
qu'il puisse se combiner avec une base qui lui
fasse éprouver une condensation suffisante. J'ai
pris du sulfure d'étain dont le métal ne se
combine que très-difficilement avec l'acide sulfurique, et je l'ai grillé pendant une heure à
une chaleur rouge sans qu'il se soit produit
autre chose que de l'acide sulfureux. De même,
les sulfures d'antimoine et de bismuth après
avoir été grillés ne m'ont présenté que des
traces d'acide sulfurique. On se rappelle aussi
que si on distille des sulfates de ces divers métaux, presque tout l'acide sulfurique se dégage
à-peu-près comme s'il étoit seul. L'affinité du
métal pour l'oxigène a aussi une influence.
Quand on distille du sulfure d'argent dans une
cornue de grès, à un grand feu, il ne se décompose pas; mais si on le grille il se décompose
avec la plus grande facilité; il ne se dégage que
de l'acide sulfureux, et l'argent ne s'oxide pas.

Voilà donc une circonstance importante, la
condensation de l'acide, qui modifie les phénomènes que présentent les sulfures métalliques
dans leur grillage. Quand les métaux ont la
propriété de se combiner avec l'acide sulfu-

rique , et de lui faire éprouver une certaine condensation , il se forme toujours des sulfates. Quand au contraire , ils ne peuvent se combiner que très-difficilement avec lui , il ne se forme que de l'acide sulfureux qui s'échappe , sa grande élasticité ne pouvant être vaincue par l'affinité des oxides métalliques.

On a vu que les sulfates métalliques , et particulièrement ceux qui sont acides et solubles dans l'eau , sont tous décomposés par la chaleur. Concluons donc de là que lorsque le grillage se fera à une température égale , et à plus forte raison supérieure à celle à laquelle les sulfates sont décomposés , il ne se produira pas d'acide sulfurique ; tout le soufre se dégagera en gaz acide sulfureux.

Outre cette manière de décomposer les sulfates métalliques par la chaleur , il en existe une autre plus commode en ce qu'elle exige une température moins élevée. C'est celle qu'a employée M. Gueniveau pour décomposer le sulfate de plomb en le distillant avec le sulfure du même métal. Je me suis assuré qu'en traitant de même des sulfates de fer et de cuivre , avec les sulfures respectifs de ces métaux, on n'obtenoit que de l'acide sulfureux ; ce qui prouve, 1°. que par ce moyen on peut séparer

le soufre des sulfures et des sulfates métalliques; 2°. que pour que cette séparation ait
lieu, il n'est pas nécessaire d'employer une
température aussi élevée que pour décomposer
les sulfates.

Enfin en distillant un oxide métallique avec
du soufre ou avec son sulfure, on obtient beaucoup d'acide sulfureux, et un peu de sulfate.
Mais si la température est suffisamment élevée,
il ne reste que du sulfure ou seulement de
l'oxide, suivant les proportions qu'on a employées.

Maintenant que nous connoissons les diverses
circonstances qui peuvent se présenter dans le
grillage d'un sulfure, il est facile d'en présenter la théorie. Griller un sulfure, c'est en dernier résultat en séparer le soufre par l'action
simultanée de l'air et de la chaleur. Les produits que l'on obtient varient en général suivant la température et le sulfure qu'on grille.
A une température rouge ordinaire, les sulfures dont les métaux ne se combinent que
très-difficilement avec l'acide sulfurique, ne
donnent presque que de l'acide sulfureux. Ceux
au contraire, qui le condensent fortement,
donnent encore à la vérité, de l'acide sulfureux,
mais il se produit en même tems de l'acide sulfu-

rique qui reste combiné avec les oxides. A une
température très-élevée et supérieure à celle qui
seroit nécessaire pour décomposer les sulfates ,
tous les sulfures ne donnent que de l'acide sulfureux. Une fois qu'il s'est formé du sulfate , il
peut être décomposé ou par une action plus
énergique du calorique , ou mieux encore par
celles des parties du sulfure qui n'ont encore
éprouvé aucun changement. Enfin quand d'autres portions ont perdu leur soufre et se sont
oxidées, elles peuvent enlever du soufre à celles
qui le conservent encore , et le changer en acide
sulfureux.

Il est aussi très-facile de se rendre raison
de ce qui se passe dans le grillage des phos-
phures métalliques , en faisant attention à la
nature des produits qu'on peut obtenir. En
chauffant ensemble, dans une cornue de verre ,
de l'étain et du phosphore , on obtient un
phosphure qui , quand il est porté à une température un peu plus élevée , se fond en laissant dégager du phosphore qui vient brûler à
sa surface , mais en en retenant une grande
quantité. Ce dernier phosphure grillé à une
température rouge , laisse dégager de tems en
tems des jets de lumière : le métal s'oxide et
le phosphore se change en acide phosphorique

qui étant peu volatil se combine avec l'oxide
et forme un verre transparent qui n'attire pas
l'humidité de l'air. Ce verre étant plus léger
que le phosphure reste à sa surface et le soustrait à l'action de l'air. Dans le grillage d'un
arseniure, il se produit, comme on sait,
beaucoup d'oxide blanc d'arsenic qui se sépare à cause de sa volatilité ; mais il est
très-probable que dans plusieurs circonstances
il se forme de l'acide arsenique qui reste en
combinaison avec l'oxide, et que par conséquent la théorie du grillage des arseniures est
analogue à celle des sulfures. Au reste, c'est un
objet qui demande des recherches particulières.

L'analogie entre les sulfates acides à base
d'alcali et les sulfates métalliques me paroissoit
trop forte pour ne pas essayer s'ils éprouveroient une décomposition semblable par le feu.
La plupart des sulfates neutres à base d'alcali,
sont indécomposables au feu. Ainsi dans ce que
je vais dire, il faudra toujours entendre que
c'est l'acide excédant à la neutralisation qui seul
est susceptible de décomposition.

Le premier sel de ce genre sur lequel j'ai
opéré est le sulfate acide de potasse obtenu
en ajoutant de l'acide sulfurique concentré à
du sulfate très-pur. Après l'avoir mis dans une

cornue de grès, à laquelle étoit adapté un récipient, j'ai procédé à la distillation. Il a d'abord
passé de l'acide sulfurique seul, parce que j'en
avois ajouté une trop grande quantité; mais
bientôt les vapeurs blanches et épaisses de
l'acide sulfurique ont été accompagnées de gaz
oxigène et d'acide sulfureux. Le résidu étoit
du sulfate neutre. On conçoit pourquoi ici,
comme avec les sulfates acides métalliques, il
se dégage de l'acide sulfurique en même tems
que de l'acide sulfureux et du gaz oxigène. C'est
parce que toutes les parties de l'acide sulfurique
ne sont pas retenues avec assez de force pour
être décomposées par la chaleur.

Parmi les sulfates à base d'alcali, celui de
potasse peut le mieux recevoir un excès d'acide,
puisqu'il est encore susceptible de cristalliser.
Le sulfate de soude est ensuite celui qui jouit
le mieux de cette propriété. Aussi en distillant
du sulfate acide de soude, j'ai encore recueilli
de l'acide sulfureux et du gaz oxigène, mais
la quantité en étoit beaucoup plus petite que
celle qu'avoit donnée le sulfate acide de potasse.

Les sulfates de barite, de chaux et de ma-
gnésie que j'ai distillés après les avoir rendus
acides, ne m'ont donné ni acide sulfureux,

ni gaz oxigène , et il n'est passé à la distillation que l'acide excédant à leur neutralisation. J'ai analysé l'air du récipient avec l'eudiomètre de Volta ; mais je ne l'ai pas trouvé sensiblement plus pur que l'air atmosphérique. Ainsi donc tous ces sulfates qui n'ont qu'une très-foible action sur l'acide sulfurique excédant à leur neutralisation , ne peuvent le retenir avec assez de force pour qu'il puisse résister à la chaleur qui seroit nécessaire pour le décomposer.

La décomposition des sulfates acides de potasse et de soude est très-propre à faire voir que l'acide excédant à la neutralisation , conserve encore de l'action sur la base ; car sans cette action il se volatiliseroit comme s'il étoit seul , et sans éprouver de décomposition.

Le sulfate d'ammoniaque , en raison de sa nature, offre une circonstance particulière. Quand on distille ce sel , il se dégage d'abord de l'alcali , puis il est décomposé d'une manière analogue aux sulfates métalliques. Il y a cette différence cependant , que l'oxigène et l'acide sulfureux , au lieu de se dégager , forment, l'un de l'eau avec l'hydrogène d'une partie de l'ammoniaque , et l'autre un sulfite qui , étant très-volatil , se soustrait par là à l'action de la chaleur , en emportant avec lui une portion de sulfate. Les produits gazeux qu'on recueille ne sont que de l'azote.

Parmi les sulfates terreux, on sait que l'alun se décompose en entier par la chaleur en donnant de l'acide sulfurique, du gaz oxigène et de l'acide sulfureux. Je me suis assuré que le sulfate de glucine donnoit les mêmes produits que l'alun ; et comme les autres sulfates terreux ont une constitution analogue, je ne doute pas qu'ils n'éprouvent une décomposition semblable par la chaleur, à moins qu'ils ne laissent dégager leur acide à une température peu élevée.

On sait que l'acide sulfurique décompose en partie, par la voie humide, les phosphates et les borates ; et que, lorsqu'on emploie la voie sèche, l'acide phosphorique et l'acide boracique décomposent à leur tour les sulfates. Cette décomposition, dans des circonstances opposées, est une très-grande anomalie dans la théorie des affinités de Bergman ; mais elle s'explique de la manière la plus heureuse dans celle de M. Berthollet. On supposoit donc que lorsqu'on décomposoit les sulfates par l'acide phosphorique, ou l'acide boracique, il ne se dégageoit que de l'acide sulfurique. Mais comme pour séparer l'acide il falloit employer une chaleur élevée, à cause de l'action qu'il conserve sur la base, il étoit naturel de penser que l'acide sulfurique seroit aussi décomposé. J'ai trouvé, en effet, que les sulfates de barite et de potasse qui, quand ils sont seuls, ne se décomposent pas par la chaleur, donnent beaucoup d'acide sulfureux et de gaz oxigène quand on les distille avec l'acide phosphorique ou avec l'acide boracique.

J'ai profité de cette décomposition des sulfates pour déterminer la quantité d'oxigène qu'il faut ajouter à l'acide sulfureux pour le convertir en acide sulfurique. Pour cet objet, j'ai distillé sur du mercure de l'alun calciné, dont la base ne peut ni fournir, ni absorber aucun principe gazeux. J'ai recueilli du gaz à diverses époques de la distillation; et après en avoir pris des volumes bien déterminés, je l'ai lavé avec de la potasse caustique, et j'ai mesuré les résidus. C'est ainsi que j'ai trouvé que 100 parties

De la 1re. portion contenoient 32.33 d'oxigène.

           2e..................... 33.23

           3e..................... 32.53

           4e..................... 32.64

dont la moyenne est de........ 32.68

Puisque la proportion des deux gaz a été la même pendant tout le tems de l'opération, il faut en conclure que la décomposition de l'acide sulfurique s'est toujours faite de la même manière, et que l'acide sulfureux absorbe par conséquent à-peu-près 0,5 d'oxigène pour passer à l'état d'acide sulfurique. La décomposition de l'alun ayant été faite dans une cornue de verre lutée, ne s'est point trouvée complette ; mais je me suis assuré que le résidu ne contenoit pas sensiblement d'acide sulfureux.

Comme un sulfate métallique, dont la base ne peut point s'oxider davantage, devoit être également propre à déterminer le rapport de l'acide sulfureux et de l'oxigène qui composent l'acide sulfurique, j'ai repris la distillation du sulfate de cuivre ; mais pour éviter l'eau qui auroit pu condenser un peu d'acide sulfureux, j'ai eu soin de le calciner fortement avant de le mettre dans la cornue. Le gaz s'est dégagé en torrent pendant plus d'une heure, quoique je n'eusse employé qu'environ 400 gr. de sel, et j'ai eu soin d'en recueillir à diverses époques de l'opération. Quand le dégagement a cessé, j'ai adapté au fourneau à réverbère dans lequel se faisoit la distillation, un tuyau de poële pour obtenir un plus grand degré de feu. En

effet le dégagement du gaz a repris instantanément ; j'en ai recueilli, et je l'ai analysé séparément.

Voici le résultat de l'analyse des diverses portions qui ont été recueillies :

100 part. de la 1re. portion contiennent 32.54 d'oxigène.
        2e.................... 33.43
        3e.................... 32.37
        4e.................... 31.76
        5e.................... 32.44
           Moyenne........ 32.51

100 parties de l'air qui s'est dégagé par une
plus grande élévation de température contiennent 92.39 d'oxigène.

Il est bien évident, d'après l'analyse des cinq
premières portions qui avoient été recueillies à
des époques trés-éloignées, que la décomposition de l'acide sulfurique s'est faite pendant le
premier dégagement d'une manière uniforme,
et que le cuivre n'a rien pris, ni rien absorbé.
Dans le second dégagement, au contraire, il y
a eu une décomposition étrangère à celle de
l'acide sulfurique, et qui l'a même entièrement
remplacée. Ayant en effet cassé la cornue, j'ai
trouvé l'oxide de cuivre parfaitement fondu.
Pulvérisé et mis avec de l'acide nitrique, il a
produit une vive effervescence de gaz nitreux,

et la dissolution n'a précipité que très-légèrement le muriate de barite. Il paroît donc que
pendant tout le tems du premier dégagement,
la chaleur n'étant pas assez forte, l'oxide n'a-
voit pu se réduire ; mais que pendant le second
dégagement qui a eu lieu à une chaleur plus
vive, l'oxide s'est réduit en partie. Il est même
probable que les 8 centièmes d'acide sulfureux
qui se trouvoient avec le gaz oxigène, étoient
un reste de la décomposition de l'acide sulfurique. Ainsi, en rejettant la dernière proportion d'oxigène et d'acide sulfureux, les autres
sont parfaitement d'accord entre elles, et avec
celles qu'a données l'alun, et elles se confir-
ment mutuellement.

Comme on ne sauroit trop multiplier les expériences quand il s'agit de déterminer un
rapport, j'ai recueilli et analysé les gaz qui
se sont dégagés pendant la distillation de l'acide
phosphorique avec le sulfate de barite.

La 1re. portion contenoit 30.39 d'oxigène.
2e................ 32.94
3e................ 29.97
4e................ 33.13
5e................ 32.75
Moyenne....... 31.83

Nous remarquerons d'abord , pour donner plus de confiance au rapport que nous voulons déterminer , que puisque les trois expériences que nous avons faites donnent sensiblement les mêmes résultats , au commencement comme à la fin , il faut que la décomposition de l'acide sulfurique se fasse toujours d'une manière uniforme , et que celui qui échappe à la décomposition n'absorbe pas d'acide sulfureux , ou au moins qu'une très-petite quantité. Si , en effet , il en étoit autrement , la quantité d'acide sulfurique qui se dégage pendant la distillation , étant variable et différente pour chaque sel , il en seroit arrivé que les résultats n'auroient conservé aucun rapport.

En prenant la moyenne des trois proportions que nous avons obtenues , nous trouvons que 100 parties d'un mélange gazeux, provenant de la décomposition de l'acide sulfurique, contiennent 52 , 34 de gaz oxigène ; ou que 100 parties en volume de gaz acide sulfureux demandent 47, 79 d'oxigène pour se convertir en acide sulfurique.

Connoissant ce rapport, il est facile de calculer la quantité d'oxigène que contient l'acide sulfureux , en adoptant les pesanteurs spécifiques du gaz acide sulfureux et du gaz oxigène, données l'une par M. Kirwan, et l'autre par Lavoisier (1); et en adoptant aussi le rapport des élémens de l'acide sulfurique qui a été déterminé avec beaucoup de soin par M. Berthollet (2), on trouve que 100 parties de soufre demandent en poids 50, 61 d'oxigène pour se convertir en acide sulfureux; tandis que pour se convertir en acide sulfurique elles en demandent 85, 70. Mais si on adoptoit les proportions de M. Klaproth pour l'acide sulfurique : savoir, 42, 3 de soufre et 57, 7 d'oxigène, on trouveroit que l'acide sulfureux est composé de 100 de soufre, et de 91, 68 d'oxigène.

Pour terminer ce Mémoire, il nous reste encore à expliquer les expériences qui en ont fait l'objet, ou, pour mieux dire, à les faire dépendre d'un fait unique qui les embrasse toutes.

La température qui a été nécessaire pour décomposer les sulfates a varié pour chacun d'eux; mais en général la chaleur rouge ordinaire a suffi. Le gaz oxigène et l'acide sulfureux, qui ont été les résultats constans de cette décomposition,

(1) Chimie de Lavoisier, tom. 2, p. 268.
(2) Mém. de l'Inst. 1806.

I. 16

n'ont pu avoir d'autre origine que l'acide sulfurique, et il faut par conséquent que cet acide se
décompose par la chaleur quand il est combiné
avec une base. D'après les idées qu'on s'étoit
formées de sa constitution, il paroîtra difficile
de concilier ce fait avec son inaltérabilité à un
feu violent, et sur-tout avec les circonstances de
sa formation, pendant la combustion du soufre
dans les chambres de plomb. Mais nous allons
faire voir que l'acide sulfurique se décompose
quand on le fait passer seul à travers un tube de
porcelaine rouge ; et par là s'expliquera très-
simplement l'action de la chaleur sur les sulfates.
Voici l'appareil qui a été employé pour faire
cette décomposition.

Un tube de porcelaine traverse un fourneau à
réverbère. A l'une de ses extrémités est adaptée
une petite cornue de verre remplie au tiers de
sa capacité d'acide sulfurique concentré ; l'autre
porte un tube de Welter, plongeant dans l'eau
ou dans le mercure. La distillation de l'acide
est très-difficile, et le succès dépend de quelques
circonstances qu'il est bon d'indiquer. Les tubes
de porcelaine d'un diamètre intérieur très-petit
m'ont paru les meilleurs. Pour empêcher la
condensation des vapeurs d'acide sulfurique
avant qu'elles parviennent dans le tube, il faut

placer quelques charbons sous le col de la cornue et la partie du tube qui communique avec lui. On fait ensuite passer l'acide très-lentement, car autrement l'opération deviendroit tumultueuse, et il n'y auroit pas d'acide décomposé. Enfin, il est nécessaire de le prendre très-concentré.

Dans une expérience dans laquelle je m'étois servi d'un récipient placé à l'extrémité du tube de porcelaine, j'avois trouvé, après l'opération, que l'air qu'il renfermoit étoit plus pur de 0,06 d'oxigène que l'air atmosphérique, et qu'il étoit mêlé d'acide sulfureux; mais dans une autre, les résultats n'avoient pas été aussi satisfaisans. Comme il me restoit trop de doutes pour ne pas chercher à les lever, j'ai fait une nouvelle expérience à Arcueil avec mon ami Amédée Berthollet, en réunissant toutes les circonstances qui paroissoient le plus favorables, et cette fois la décomposition de l'acide sulfurique en gaz oxigène et en gaz sulfureux n'a plus été équivoque. Pendant le premier quart d'heure il n'a passé que de la vapeur d'acide sulfurique; mais au bout de ce tems elle a été constamment accompagnée de gaz oxigène et d'acide sulfureux. M. Berthollet lui-même a été témoin des résultats que nous avons obtenus.

Il n'est donc plus permis de conserver le moindre doute sur la décomposition de l'acide sulfurique par la chaleur. Bien loin de regarder ses élémens comme ayant éprouvé, en se combinaut, une grande condensation, leur facile séparation doit les faire regarder, au contraire, comme ayant une mobilité assez grande, et donner de sa constitution une idée toute différente de celle qu'on s'en étoit formée.

L'explication de la décomposition des sulfates par la chaleur se présente maintenant naturellement. Tous les sulfates neutres ou acides, qui perdent leur acide à une température inférieure à celle qui est nécessaire pour décomposer l'acide sulfurique, se décomposeront en ne donnant ni oxigène, ni acide sulfureux. Tous ceux, au contraire, qui retiennent assez fortement tout leur acide pour qu'il puisse résister à une chaleur égale, et à plus forte raison, supérieure à celle qui décompose l'acide sulfurique, ne donneront que du gaz oxigène et de l'acide sulfureux. Enfin, comme dans une combinaison toutes les portions des élémens ne sont pas également retenues, il y a des sulfates dont la décomposition participera des deux précédentes, et qui donneront de l'acide sulfurique, du gaz oxigène et de l'acide sulfureux.

On peut observer cependant que la base doit
avoir une influence sur cette décomposition.
Quand, en effet, l'acide nitrique est combiné
avec la potasse, il se décompose par la chaleur
en gaz oxigène et en gaze azote. Mais quand on
le fait passer seul en vapeur à travers un tube de
porcelaine rouge, il ne donne plus les mêmes
résultats. M. Berthollet s'est assuré, contre l'opinion reçue, qu'il éprouvoit une décomposition
analogue à celle de l'acide sulfurique, et qu'il se
change en gaz oxigène et en gaz nitreux. Ces
deux gaz forment ensuite de la vapeur nitreuse
qui est absorbée par l'eau, et il reste du gaz
oxigène. Je suis loin de rejetter cette influence
qu'a la base dans quelques cas sur la décomposition de l'acide sulfurique par la chaleur. La
décomposition d'une partie de l'ammoniaque
dans la distillation du sulfate d'ammoniaque;
la facile réduction de l'argent dans celle du sulfate de ce métal, la volatilité du mercure,
l'oxidation du fer, sont autant de circonstances qu'il ne faut pas négliger, et qui peuvent
ou modifier, ou accélérer en quelque sorte
les résultats; mais, hors ces cas particuliers,
elle ne peut favoriser la décomposition de l'acide
sulfurique. Son affinité avec lui est une force
puissante que la chaleur doit vaincre, et elle

doit par conséquent retarder ou empêcher sa décomposition, comme on le voit avec le sulfate de plomb et les sulfates alcalins.

La décomposition de l'acide sulfurique par une chaleur rouge ordinaire, va nous servir à jetter quelque jour sur la formation de l'acide sulfurique par la combustion du soufre, sur laquelle on n'est point encore d'accord. M. Berthollet pensoit qu'une des conditions principales étoit une température très-élevée, et que le nitre qu'on ajoutoit au soufre ne faisoit que remplir cette condition. MM. Clément et Désormes, sans réfuter entièrement cette opinion, ont pensé que l'acide sulfurique qu'on obtenoit dans les chambres de plomb, étoit dû aux actions combinées de l'air et du gaz nitreux sur l'acide sulfureux qui se dégage dans la combustion d'un mélange de nitre et de soufre. Cependant M. Chaptal a obtenu de l'acide sulfurique en brûlant du soufre avec du muriate sur-oxigéné de potasse, et par conséquent sans action du gaz nitreux. Il reste donc encore quelques incertitudes sur la manière dont le soufre se change par la combustion en acide sulfurique.

Mais puisqu'il est démontré maintenant que l'acide sulfurique se décompose à une chaleur

bien inférieure sans doute à celle qui est due
à la combustion du soufre et du nitre dans l'air,
il faut nécessairement en conclure qu'une haute
température est contraire à la formation de
l'acide sulfurique. Si cette conclusion ne paroissoit pas suffisamment rigoureuse, je pourrois ajouter, pour la fortifier, d'autres expériences. Quand on brûle du soufre dans du gaz
oxigène, on n'obtient que de l'acide sulfureux,
et certainement il y a dans ce cas une température très-élevée. Depuis Lavoisier, qui avoit
pensé que la combustion du soufre dans l'oxigène donnoit de l'acide sulfurique, tous les
chimistes avoient partagé la même opinion;
mais M. Chaptal a prouvé qu'elle n'étoit pas
fondée. Enfin en brûlant du gaz hydrogène
sulfuré dans le gaz oxigène on n'obtient encore
que de l'acide sulfureux.

Puisqu'on peut obtenir de l'acide sulfurique
sans le secours du gaz nitreux, il faut donc
qu'il y ait d'autres causes qui concourent à sa
formation.

M. Fourcroy a fait voir qu'on pouvoit conserver longtems ensemble du gaz oxigène et
du gaz acide sulfureux, pourvu qu'ils fussent
secs. Mais si ces deux gaz sont en contact avec
l'eau, elle les absorbe l'un et l'autre en détruisant

leur force élastique, et il se forme de l'acide
sulfurique. Tous les chimistes savent en effet
combien il est difficile de conserver et même
d'obtenir de l'acide sulfureux, sans qu'il se
forme de l'acide sulfurique. Dans les chambres de plomb où l'eau, l'oxigène et l'acide sulfureux se trouvent réunis, il doit se produire
un effet semblable. Ce n'est que de cette manière au moins qu'on peut concevoir la formation de l'acide sulfurique en se servant de muriate sur-oxigéné de potasse, qui n'a sûrement
d'autre usage que d'empêcher que la combustion du soufre ne devienne trop languissante.
Ce n'est encore que de cette manière qu'on
peut expliquer la formation de l'acide sulfurique dans l'ancien procédé, par lequel on prépare l'esprit de soufre par la cloche ; car tous
ceux qui l'ont répété doivent avoir remarqué
qu'il s'en produit toujours une certaine quantité. Ainsi en m'arrêtant aux indications de l'expérience, j'admets qu'il ne se forme point d'acide
sulfurique au moment de la combustion du
soufre, à moins qu'il ne puisse se combiner
avec une base qui le condense et l'empêche
d'être décomposé par la chaleur. Celui qu'on
recueille dans les chambres de plomb est dû
à deux causes : l'une plus puissante que la

seconde, provient de l'action du gaz nitreux sur l'acide sulfureux et le gaz oxigène de l'air atmosphérique, comme MM. Clément et Désormes l'ont démontré, et l'autre provient de l'action immédiate de l'acide sulfureux sur le gaz oxigène par le moyen de l'eau.

CONCLUSION.

1°. Tous les sulfates métalliques sont décomposables par l'action de la chaleur, en donnant des résultats dépendans de l'affinité des métaux pour l'acide sulfurique. Les sulfates dans lesquels l'acide est peu condensé, ne donnent à la distillation que de l'acide sulfurique. Ceux dans lesquels il est retenu beaucoup plus fortement, et qui sont insolubles, donnent de l'acide sulfureux et du gaz oxigène. Enfin les sulfates qui ont des propriétés communes aux précédens, et qui sont acides et solubles, donnent de l'acide sulfurique, du gaz oxigène et de l'acide sulfureux.

2°. Dans le grillage des sulfures métalliques les produits varient suivant la température et suivant les sulfures. A une température fort élevée, il ne se produit que de l'acide sulfureux ; à une température inférieure , il se produit d'autant plus d'acide sulfurique que les oxides peuvent le condenser plus fortement : il ne s'en forme point quand ils n'ont qu'une très-foible affinité avec lui.

3°. Tous les sulfates terreux qui sont naturellement acides sont décomposables par le feu en donnant de l'acide sulfurique , du gaz oxigène et de l'acide sulfureux.

4°. Les sulfates neutres alcalins ne se décomposent pas par la chaleur , excepté le sulfate d'ammoniaque ; mais quand ils peuvent former avec un excès d'acide des sels cristallisables , le condenser et diminuer sa volatilité , une partie de cet excès d'acide se change en gaz oxigène et en acide sulfureux.

5°. Les sulfates traités au feu par les acides phosphorique ou boracique , donnent de l'acide sulfurique , du gaz oxigène et de l'acide sulfureux.

6°. L'acide sulfurique est composé en volume de 100 de gaz sulfureux , et 47,79 de gaz oxigène.

7°. 100 parties en poids de soufre prennent , pour se convertir en acide sulfureux , 50 , 61 d'oxigène , tandis que pour se changer en acide sulfurique il leur en faut 85,70.

8º. L'acide sulfurique se décompose seul par la chaleur en gaz oxigène et en gaz acide sulfureux.

9º. Une grande élévation de température n'est pas une condition favorable à la production de l'acide sulfurique ; elle lui est au contraire opposée. Au moment de la combustion du soufre , il ne se produit que du gaz sulfureux , soit qu'elle ait lieu dans l'air ou dans le gaz oxigène , et l'acide sulfurique qu'on obtient dans les chambres de plomb doit être le résultat de l'action du gaz nitreux et de l'air sur l'acide sulfureux , ainsi que de celle que ce dernier gaz exerce sur l'oxigène par le moyen de l'eau.

MÉMOIRE

Sur la nature de l'air contenu dans la vessie natatoire des poissons.

Par M. Biot.

Les expériences dont je vais rendre compte ont été faites dans les îles d'Yviza et de Formentera, pendant les courts instans de loisir que me laissoit un travail plus important dont le gouvernement m'avoit chargé (1). J'aurois dû peut-être, sous quelques rapports, en retarder

---

(1) Celui de prolonger la méridienne de France jusqu'aux îles Baléares. Pour cette opération, il a fallu joindre les îles à la côte d'Espagne par d'immenses triangles, qui sont maintenant exécutés. A proprement parler, Yviza et Formentera ne sont point comprises dans les îles Baléares ; elles font partie des groupes de petites îles que l'on nomme Pithiuses. Les Baléares ne comprennent que Mayorque, Minorque et Cabrera. On a préféré avec raison les Pithiuses, et particulièrement Formentera, parce qu'elles sont plus australes.

la publication jusqu'à l'année prochaine, pour me donner le tems de les perfectionner et de les étendre, ainsi que je me propose de le faire cet hiver ; mais comme elles portent sur des faits isolés, qui ne peuvent acquérir de liaison qu'en se multipliant, j'ai pensé qu'il seroit utile de les faire connoître afin de diriger vers ce but intéressant, l'attention des personnes qui se trouveroient à portée de faire habituellement de semblables observations.

On sait que beaucoup de poissons contiennent dans l'intérieur de leur corps une vessie remplie de gaz, et que l'on nomme la vessie natatoire. Elle leur sert pour monter et descendre dans l'eau ; parce que selon qu'ils dilatent cet air ou qu'ils le compriment, leur pesanteur spécifique diminue ou augmente. C'est une question assez débattue parmi les naturalistes de savoir d'où vient cet air : s'il est simplement dégagé de l'eau et transmis par une voie mécanique dans la vessie natatoire, ou s'il est secrété dans l'intérieur de cet organe par des vaisseaux propres. Les faits que je rapporterai paroissent favorables à cette dernière opinion.

J'ai analysé, par le moyen de l'étincelle électrique, le gaz contenu dans la vessie natatoire d'un assez grand nombre de poissons marins. J'y ai trouvé presque toutes les proportions depuis l'azote pur jusqu'à $\frac{87}{100}$ d'oxigène, et jamais d'hydrogène en quantité appréciable. L'acide carbonique, s'il y existe, ne s'y trouve non plus qu'en très-petite quantité. Voici les résultats que j'ai obtenus, et dans lesquels j'ai retenu les noms employés à Mayorque, de peur de commettre des erreurs en cherchant à les rapporter aux véritables noms employés par les naturalistes.

Noms des espèces.	Proport. d'oxigène.	REMARQUES.
1. Lissa.........	Quantité insensible.	Poisson fort petit, pêché au filet sur le rivage à très-peu de profondeur. *Yviza.*
2. Mugel........	Quant. ins.	Autre petit poisson pêché en même tems que le précédent et au même lieu. *Yviza.*
3. Murena.......	Peu d'oxig.	La combustion s'éteint subitement dans ce gaz. Forcé de partir, je n'ai pu le soumettre à une épreuve plus exacte. La murena vit dans des trous à peu de profondeur. *Formentera.*
4. Esparrai (fem.).	0.09	Petit poisson, plat et arrondi, qui se pêche au
Esparrai (mâle).	0.08	

Noms des espèces.	Proport. d'oxigène.	REMARQUES.
		filet sur le rivage à peu de profond. *Formentera.*
5 Sargos (fem.)..	0.09	Ce poisson vit habituelle-
Sargos (mâle).	0.20	ment à peu de profon- deur. Ceux-ci ont été pris à 14 mètres; la dif- férence observée entre les mâles et les femelles est très-exacte. *Formen- tera.*
6 Vacca........	0.12	Pêché à 14 mètres; on le prend quelquefois à une profondeur beaucoup plus grande : j'en ai re- tiré de 100 mètres de profondeur; alors il vo- mit sa vessie natatoire. *Formentera.*
7 Tordo........	0.16	Pêché à 4 mètres de pro- fondeur. *Formentera.*
8 Oblada.......	0.20	Ce poisson se prend tou- jours à la surface de l'eau et jamais au fond. *For- mentera.*
9 Gribia.......	0.24	Joli poisson d'un vert doré, avec le dessous du ventre un peu jaunâtre. Pêché à 14 mètres de profon- deur. *Formentera.*
10 Escorbaï (fem.).	0.27	Pris au même lieu que le
Escorbaï (mâle).	0.25	précédent. *Formentera.*

Noms des espèces.	Proport. d'oxigène.	Remarques.
11 Tordo (fem.)..	0.24	Pris à peu de profondeur.
Tordo (mâle)..	0.28	J'ai reconnu que l'on confond sous ce nom plusieurs espèces distinctes. J'ai pris de ces mêmes poissons à 100 mètres de profondeur; ils ne vomissent point leur vessie natatoire. *Formentera.*
12 Dentol (fem.).	0.40	Ce poisson vit ordinairement à une grande profondeur ; mais il se rapproche des terres pour frayer. Celui-ci a été pris par hasard dans une profondeur de 40 mètres. C'étoit une femelle, remplie d'une énorme quantité d'œufs ; il y en avoit plus de 2 hectogrammes. *Formentera.*
13 Espeton	0.44 au moins.	Ce poisson se prend toujours au large et à une grande profondeur. Je n'en ai eu qu'un seul, et n'ai pu faire qu'une seule expérience, dans laquelle tout l'hydrogène a été absorbé, de sorte que je n'ai pu déter-

Noms des espèces.	Proport. d'oxigène.	REMARQUES.

miner qu'une limite. *Formentera.*

14 Pagrée........ 0.50 Ce poisson se prend toujours à une grande profondeur ; celui-ci a été pris à 120 mètres. *Yviza.*

15 Pagél .... Beauc. d'ox. La combustion se fait dans ce gaz avec beaucoup de vivacité et une lumière éblouissante. Forcé de partir , je n'ai pas pu l'analyser plus exactement. Ce poisson se prend à - peu - près dans les mêmes parages que le précédent. *Formentera.*

16 Mero........ 0.69 Pris à une grande profondeur. On le prend quelquefois sur les côtes de Catalogne, à la profondeur de 1000 mètres. *Formentera.*

17 Rehecho..... 0.72 Ce poisson vit toujours à une grande profondeur. *Formentera.*

18 Lluss ou Pescada 0.79 Les individus d'un volume (la Merluche). considérable comme celui-ci ne se prennent jamais qu'au large et dans les lieux où la mer est très-prof. *Formentera.*

Noms des espèces.	Proport. d'oxigène.	REMARQUES.
19 Oriola.........	0.87	Ce poisson se prend toujours à une grande profondeur. Je n'en ai point vu le corps, mais simplement la vessie natatoire, qui m'avoit été envoyée d'Yviza à Formentera.

La grande proportion d'oxigène existante dans les poissons qui terminent cette liste, m'ayant paru assez remarquable, j'ai mis tous mes soins à la constater, et je rapporte en détail à la fin de ce mémoire quelques-unes des analyses que j'ai faites pour la déterminer avec exactitude. L'hydrogène dont je me suis servi a toujours été fait dans de l'eau bouillie, avec toutes les précautions possibles, et j'en vérifiois la pureté par l'analyse de l'air atmosphérique, que l'on sait être composé de la même manière par toute la terre, et qui m'a constamment donné 0,21 d'oxigène à Formentera et à Yviza, absolument comme à Paris. Quant à la non existence de l'hydrogène dans l'air de la vessie natatoire, je l'ai constatée en introduisant dans cet air une quantité d'hydrogène moindre que celle qui étoit nécessaire pour absorber tout

l'oxigène que j'y avois précédemment reconnu ;
et observant que l'absorption occasionnée par
l'étincelle électrique , répondoit exactement à
la quantité de gaz hydrogène introduit. Je n'avois
pas , dans un lieu si sauvage , les moyens nécessaires pour mesurer exactement la quantité
d'acide carbonique , ce qui exige un appareil
au mercure , mais je me suis du moins assuré
que cette quantité est fort petite ; car j'ai quelquefois fait subir à un même gaz , plusieurs
détonations répétées , en y introduisant successivement les quantités d'hydrogène nécessaires
pour l'analyse , et je n'ai jamais observé d'autre
absorption que celles que la combustion du
gaz hydrogène nécessitoit ; tandis qu'elle auroit
dû être plus grande si le gaz soumis à l'expérience eût contenu une quantité notable d'acide
carbonique ; puisque ce gaz s'absorbe dans l'eau
quand on l'agite avec ce liquide. Au reste , prévenu maintenant sur la nécessité de cette observation , je prendrai mes mesures pour pouvoir
la faire avec exactitude. Mais je n'avois d'abord
nullement songé à ces expériences , et je ne
les ai suivies que parce que l'occasion me les
offroit.

Une autre propriété assez remarquable qui
se découvre dans le tableau précédent , c'est

que les poissons pris à peu de profondeur
donnent en général peu d'oxigène et beaucoup d'azote, tandis que tous ceux qui viennent d'une profondeur considérable donnent
peu d'azote et beaucoup d'oxigène. Ceci se vé-
rifie même dans les poissons d'eau douce, qui
vivent à des profondeurs très-petites; car en
faisant l'expérience sur ceux que fournit la
Seine à Paris, j'ai trouvé,

Dans la vessie natatoire d'une carpe ..   0.03 oxigène.

           (1) d'une tanche.   0.16

Et MM. Geoffroy et Vauquelin, en faisant des
essais semblables, ont trouvé,

Dans la vessie natatoire des brochets ....   0.05 oxig.
                 des loches..........   0.05
                 des perches fluviatiles   0.05

Ils n'y ont découvert qu'une très-petite quantité
d'acide carbonique, dont ils ont reconnu l'existence au moyen de l'appareil au mercure. Je

---

(1) Je n'ai pu faire qu'une seule fois cette expérience,
et j'ai lieu de la croire exacte; mais il seroit bon de la
répéter : on n'a, je crois, observé aucun autre poisson
d'eau douce qui donne autant d'oxigène.

dois rappeler que la grande quantité d'azote
contenu dans la vessie natatoire des carpes,
avoit été annoncée depuis longtems par M. Fourcroy. Et M. Humboldt a pareillement trouvé
très-peu d'oxigène, seulement quelques centièmes, dans la vessie natatoire du *gymnotus
électricus*, qu'il avoit pris à la surface de l'eau
dans des lacs peu profonds.

J'ignore absolument à quoi peut tenir cette
propriété singulière. Je ne sais si elle se sou-
tiendra dans la suite des expériences que l'on
pourra faire ; et c'est peut-être par un pur
hasard qu'elle s'est présentée à moi ; mais je
l'ai jusqu'à présent si constamment observée,
que les matelots mêmes qui m'aidoient dans mon
travail, l'avoient remarquée aussi bien que
moi ; et quand on nous apportoit, ou que nous
prenions nous-mêmes un poisson nouveau, ils
s'empressoient d'avance de me dire s'il avoit
coutume de se trouver à une grande ou à une
petite profondeur, et s'il devoit en conséquence
me donner une forte ou une foible détonation.
Ils me l'annoncèrent même particulièrement
pour le poisson que j'ai cité sous le nom de
oriola, et dont je n'ai point vu le corps, mais
dont la vessie natatoire seule m'avoit été envoyée d'Yviza à Formentera. Il y en avoit deux

fort petites , et qui , à en juger par cette circonstance , ne devoient pas appartenir à des
individus d'une grosseur considérable. Elles ne
me sont parvenues que deux jours au moins
après la mort de l'animal ; ainsi l'on pourroit
bien croire qu'une partie de l'oxigène a dû
s'absorber. Et pourtant le gaz retiré de ces vessies natatoires a rompu mon eudiomètre par son
explosion , et m'a donné jusqu'à $\frac{87}{100}$ d'oxigène.

Ce rapport de la profondeur avec la nature
de l'air contenu dans la vessie natatoire , paroîtra plus singulier encore , peut-être même
peu vraisemblable , d'après l'idée que l'on a
généralement de l'usage que les poissons font de
cet organe , pour s'élever ou s'abaisser dans
les eaux. Car il semble alors que pouvant à
volonté plonger ou s'élever à la surface , ce
seroit un pur hasard de les prendre à telle ou
telle profondeur, en sorte qu'il n'y auroit aucun
rapport possible entre cette profondeur et l'état
habituel de leur constitution.

On pourroit d'abord répondre à cette objec-
tion en rappelant l'expérience continuelle de
tous les pêcheurs , qui atteste que chaque
espèce de poissons affecte dans une même
saison , un même parage, et une profondeur
particulière et déterminée ; de sorte que telle

espèce se pêche constamment près du rivage,
dans une ou deux brasses d'eau, tandis que
telle autre ne se trouvera que loin des côtes,
et à la profondeur de deux ou trois cents brasses.
Ce qui doit déjà rendre moins extraordinaire
qu'il existe quelque rapport entre la constitution de ces animaux, et la profondeur à laquelle
ils vivent, sans que l'on connoisse pour cela la
cause qui les y retient.

Il y a plus, l'idée que l'on pourroit se faire
de l'usage illimité de la vessie natatoire seroit
inexacte dans le plus grand nombre des espèces;
car les changemens instantanés de profondeur
permis à chaque individu paroissent compris
dans certaines limites qu'il ne peut dépasser tout-
à-coup, et s'il parvient à les franchir, ce n'est
qu'avec le tems, après que la nature a changé
peu-à-peu sa constitution.

La première fois que j'eus occasion d'observer
ce phénomène, ce fut sur un assez gros poisson
que l'on nomme en espagnol *mero*. Un individu
de cette espèce ayant été envoyé d'Yviza à la
station de Campvey, où je me trouvois alors
pour le travail de la méridienne, je remarquai
avec surprise, que sa bouche toute béante étoit
entièrement remplie par un corps arrondi et
élastique que je reconnus avecplus de surprise

encore pour la vessie natatoire qui, même plusieurs jours après la mort, étoit ainsi gonflée
et distendue par l'air qui y étoit renfermé. Je ne
saurois dire si la membrane de la vessie étoit nue,
ou si elle étoit recouverte par la membrane de l'estomac. Je ne songeai point alors à examiner cette
circonstance, et ne comprenant rien à ce phénomène, je me contentai de le regarder comme une
particularité de cette espèce, ou comme un simple
accident. Mais étant allé moi-même à la pêche
quelques jours après, devant les rochers escar-
pés qui bordent le nord de l'île, dans un
endroit où la mer a plus de 100 mètres de profondeur, je remarquai que la plupart des poissons que nous amenions, principalement ceux
qui avoient la bouche large, vomissoient aussi
leur vessie natatoire, et l'on trouvoit dans leur
bouche ou dans leur œsophage une partie de
leurs intestins. Cela étoit sur-tout sensible pour
la petite espèce que j'ai citée sous le nom de
vacca. Or je savois, par expérience, que les
poissons de cette même espèce se prennent quelquefois à une très-petite profondeur, tout près
du rivage, et qu'alors ils ne vomissent point
leur vessie natatoire : je voyois aussi que ce phénomène n'étoit pas particulier à une seule espèce,
auquel cas on auroit pu le croire analogue à ce

qui a lieu dans quelques animaux qui vomissent leurs intestins à la moindre agitation ; enfin tous mes matelots m'assuroient que cet effet étoit très-ordinaire dans les poissons pêchés à une grande profondeur ; et par conséquent, tout me paroissoit indiquer qu'il a pour cause la dilatation rapide de l'air que la vessie natatoire contient : dilatation à laquelle l'animal n'a ni le tems de suffire ni la force de résister.

En effet, on sait qu'une colonne d'eau de mer, de 10 mètres de hauteur équivaut à-peu-près au poids de l'atmosphère ; si cette supposition n'est pas tout-à-fait exacte, l'erreur sera ici de peu de conséquence, puisqu'il s'agit seulement d'estimer à-peu-près des profondeurs, et non pas de les mesurer exactement. D'après cette évaluation, 100 mètres d'eau de mer équivalent à 10 atmosphères, et en y joignant celle que forme l'air extérieur, on voit qu'à la profondeur de 100 mètres, le corps de ces petits poissons éprouvoit une pression de 11 atmosphères ; par conséquent si l'air contenu dans leur vessie natatoire supportoit la même pression, il devoit, quand nous les ramenions à la surface, se dilater dans le rapport de 11 à 1, c'est-à-dire devenir onze fois plus considérable. Et l'animal ne pouvant, à ce qu'il paroît, ni chasser cet air assez vîte, ni s'opposer avec assez de force à cette dilatation, ce qui étoit en effet lui faire subir une épreuve bien plus rude que si on l'eût mis de la surface de l'eau dans le vuide, la vessie rompoit ses ligamens et s'étendoit en se gonflant jusque dans la bouche, où elle trouvoit un espace plus convenable au volume qu'elle avoit acquis. Cet effet étoit peut-être favorisé par la position verticale où l'on tient le poisson en le retirant du fond de la mer suspendu à l'hameçon où il s'est accroché. Car on ne pêche pas autrement qu'à l'hameçon à cette profondeur et à d'autres plus considérables, comme je dirai bientôt. La corde qui porte l'hameçon est tendue à son extrémité inférieure par un plomb qui la fait descendre au fond de la mer, comme une sonde ; et la cessation de sa pesanteur indique l'instant où l'on atteint le fond. On juge ensuite de la profondeur par la longueur de la corde que l'on a filée.

L'explication précédente ne suppose point que le volume du gaz contenu dans la vessie natatoire soit le même à toute profondeur. Il se pourroit au contraire que dans un même individu, vivant à une grande profondeur le volume fût réellement moindre que s'il vivoit à la surface, et que cependant quand on ramène subitement ce poisson près de la surface, la vessie se trouvât gonflée. C'est ainsi qu'une vessie à moitié remplie d'air à la surface de la terre y paroîtra affaissée et ridée, tandis qu'elle se gonflera et se distendra presque jusqu'à se rompre, si on la porte sur le sommet du Mont-Blanc. Mais ce que suppose véritablement notre explication, c'est que l'air contenu dans la vessie natatoire supporte réellement la pression extérieure, et qu'il n'est point protégé contre elle par les côtes de l'animal ; en effet, il semble assez difficile à admettre qu'un animal put soutenir pendant des mois et des années entières une si énorme pression autrement qu'en se mettant en équilibre avec elle naturellement et sans effort, comme nous le sommes nous mêmes avec l'atmosphère. Car qu'il y ait des poissons munis de vessies natatoires qui vivent habituellement à de grandes profondeurs sans revenir jamais à la surface ; c'est ce donc l'expérience continuelle des pêcheurs permet difficilement de douter. Toutefois je ne regarde moi-même l'explication précédente que comme une conjecture, persuadé que dans l'étude des phénomènes naturels, les inductions qui paroissent les plus plausibles sont souvent trompeuses,

quand elles ne sont pas déduites par le calcul,
ou prouvées immédiatement par les faits.

Le phénomène que je viens de décrire n'a pas
lieu dans toutes les espèces que l'on retire d'une
grande profondeur : il en est dont l'organisa-
tion s'y oppose, soit que la vessie se trouve
fixement attachée dans l'intérieur du corps de
manière qu'on ne puisse l'en faire sortir sans
la déchirer ; soit que l'œsophage se trouve trop
étroit pour en permettre la sortie, soit enfin
que la vessie natatoire soit munie d'un canal
excréteur assez large pour faire sortir instantanément la quantité d'air qui lui faisoit excéder le
volume qu'elle doit avoir naturellement selon la
pression à laquelle l'animal est soumis.

Je n'ai point examiné les circonstances ana-
tomiques qui accompagnent cette éjection de
la vessie natatoire (1), j'ai seulement remarqué

_____

(1) Des naturalistes très-célèbres ont trouvé ce fait si
incroyable, qu'ils ont supposé que je pourrois avoir été
trompé en prenant pour la vessie natatoire quelqu'autre
organe : par exemple, la membrane de l'estomac qui se
seroit gonflée subitement de manière à lui ressembler. J'ai
tant de fois vu moi-même le fait dont je parle, qu'il
me paroît comme impossible que j'aie pu me faire une
semblable illusion; mais toutefois j'ai cru, par amour

qu'en ouvrant l'animal pour la retirer, on trouve toujours dans son œsophage une partie de ses intestins. Mais ce dont je me suis bien assuré, comme je viens de le dire, c'est que les mêmes poissons qui vomissent leur vessie natatoire quand on les retire d'une grande profondeur, ne la vomissent point quand ils sont pêchés dans un endroit peu profond. Cette différence est d'autant plus sensible que celle de la profondeur est plus grande.

Ainsi le poisson que j'ai cité sous le nom de *mero*, se prend souvent sur les côtes de Catalogne, à une profondeur de 1000 mètres, où il se trouve pressé par le poids de 100 atmosphères; et comme il est ordinairement alors d'un volume et d'une force considérables, il arrive quelquefois qu'il rompt par ses efforts la corde à laquelle l'hameçon est attaché. Mais il n'est pas perdu pour cela, lorsqu'on l'a déja élevé à une cinquantaine de brasses au-dessus de sa profondeur habituelle; car alors le développement irrésistible de sa vessie natatoire

---

pour la vérité, devoir rapporter la remarque que l'on en a faite, en attendant que je puisse voir les mêmes apparences avec des yeux plus éclairés.

suffit pour le forcer de venir à la surface, où on
le prend facilement parce qu'il ne peut plus la
quitter. Des pêcheurs m'ont assuré qu'à Tetuan,
sur la côte d'Afrique, ce même poisson se
trouve à très-peu de profondeur, qu'alors il
ne vomit point sa vessie natatoire, et n'offre
aucun des phénomènes que nous avons décrits.

Il sera très-intéressant d'examiner comparativement le gaz contenu dans la vessie natatoire d'une même espèce, dans ces deux cas
d'une profondeur très-différente, et c'est ce
que je me propose de faire cet hiver. J'ai déja
prié M. de Marty qui habite les côtes de la
Catalogne de faire à ce sujet les expériences
que ma position actuelle ne me permet pas
de suivre avec tant de facilité, et il a bien
voulu me promettre de s'en occuper (1). Il
paroît aussi que la nature engage dans cer-

---

(1) Voici ce que me mande cet excellent chimiste :
« Le même jour de votre départ de cette ville (Bar-
celone), on m'apporta une lluerna (trigla lucerna) du
poids de 14 onces. L'air renfermé dans la vessie contenoit
0.80 de gaz oxigène; celui d'une autre lluerna, du poids
de 4 onces, en contenoit 0.15. Quand je retournerai à
Tarragone, je pourrai faire les expériences que vous de-
sirez sur cet objet, et nous pourrons savoir si la diffé-

tains tems les mêmes espèces à s'approcher ou
à s'éloigner des terres, et par conséquent à
vivre à des profondeurs diverses ; dans ce cas
le volume de l'air contenu dans la vessie natatoire doit changer ; mais la nature de cet
air change-t-elle aussi ? et est-elle la même pour
un même individu dans les différens âges ?
Enfin on sait que certains poissons peuvent
chasser à volonté une portion de l'air contenu
dans leur vessie natatoire au moyen d'un canal
excréteur, qui dans certaines espèces est très-
considérable. Ce canal existe-t-il dans toutes les
espèces ou est-il insuffisant dans quelques-unes,
et ne permet-il point l'exclusion mécanique
de l'air, ou au moins ne la permet-il que
peu-à-peu ? C'est ce qui semble devoir être,
d'après les faits que j'ai rapportés ; mais ce sont
des particularités que de nouvelles observations

---

rence de la pureté de l'air dans des individus de différentes
et de mêmes espèces de poissons provient de l'âge, de
leur habitation plus ou moins profonde, etc., etc. »

M. Théodore de Saussure a bien voulu me promettre
aussi de faire des observations analogues sur les poissons
que l'on prend dans les endroits très-profonds du lac de
Genève ; j'attends avec le plus vif intérêt le résultat des
expériences d'un si habile observateur.

faites sur les organes mêmes permettront de décider plus sûrement.

Il est reconnu parmi les naturalistes que les poissons respirent en absorbant l'air contenu dans l'eau où ils vivent ; car on sait qu'ils meurent dans l'eau que l'on a privée de cet air. Puis donc que l'on trouve encore des poissons munis de vessies natatoires à une profondeur de 1000 mètres, c'est une preuve que l'eau à cette profondeur contient encore l'air nécessaire à leur respiration. Car si ces animaux ne peuvent pas contenir et renfermer ce volume d'air dans l'intérieur de leur corps, lorsqu'on les amène rapidement du fond à la surface ; ils n'ont pas pu davantage descendre avec ce même volume de la surface au fond. Il a fallu qu'ils l'absorbassent peu-à-peu à mesure qu'ils descendoient, et à mesure que l'accroissement de la pression rendoit le volume de leur vessie natatoire plus petit. D'après cela on pourroit être tenté de croire que l'air contenu dans l'eau de la mer, à de grandes profondeurs, doit être considérablement plus pur que celui de la surface, puisque l'air contenu dans la vessie natatoire des poissons qui s'y trouvent est aussi beaucoup plus pur ; mais cette dernière conclusion ne seroit pas fondée. A la vérité, l'eau de la mer prise à 800 mètres de profondeur contient encore de l'air, comme je m'en suis assuré; mais il n'est pas plus pur que celui de la surface; je n'y ai trouvé que 0.28 d'oxigène; le reste étant de l'azote, mêlé peut-être d'un peu d'acide carbonique, ce que je n'ai pas eu la possibilité de constater : et quoique le résultat précédent puisse bien comporter une erreur de 2 ou 3 centièmes, parce que j'ai opéré sur une très-petite quantité d'eau, cependant il ne doit pas être éloigné de la vérité, au-delà de cette limite. Voici le moyen que j'emploie pour puiser de l'eau à cette profondeur sans la mêler avec l'air ni avec les couches supérieures de la mer.

J'ai fait construire un vase de cuivre de forme conique, muni à son orifice d'un couvercle qui se ferme de lui-même par le moyen d'un ressort qui le presse continuellement. Je remplis l'intérieur du vase avec un cône solide de bronze qui débordant son orifice, tient forcément le couvercle ouvert. Sur les côtés opposés du vase sont deux lames de cuivre verticales auxquelles on attache deux cordes qui se réunissent en une seule à quelque distance, et l'instrument ainsi suspendu ne peut nullement chavirer. Quand on veut faire l'expérience, on le descend dans la mer jusqu'à la profondeur

requise , et alors en tirant une petite corde attachée à sa partie inférieure , et que l'on avoit
jusque-là tenue lâche et flottante , on le force
de chavirer en le renversant. Le cône de bronze
n'étant plus soutenu , tombe par son propre
poids ; l'eau entre à la place qu'il occupoit ; et
quand il est tout-à-fait sorti, le couvercle n'étant
plus retenu par cet obstacle, se ferme en vertu
de son ressort. Alors on remonte l'appareil avec
l'eau qu'il contient, laquelle n'a aucune communication avec l'air , ni avec les couches supérieures de la mer ; le cône de bronze reste
attaché par une corde au bas de l'appareil afin
qu'il ne soit pas perdu à chaque fois.

On peut avec cet instrument faire un très-
grand nombre d'expériences ; déterminer comparativement la quantité, et la nature de l'air ,
que contient l'eau de la mer à de très-grandes
profondeurs et près de la surface, connoître le
degré de salure des différentes couches, et acquérir par là quelques notions sur les phénomènes qui peuvent se passer au fond de ces
abîmes , ainsi que sur la nature et l'organisa-
tion des animaux, et des plantes qui peuvent
y subsister. Ce sont des recherches auxquelles
je me propose de me livrer dans mon pro-
chain voyage ; mais je souhaiterois que d'autres

observateurs plus instruits, et plus libres que moi, les crussent assez intéressantes pour s'en occuper.

Il me semble que déja l'on peut en déduire quelques conséquences utiles. Puisque les poissons, principalement ceux qui vivent à une grande profondeur, tirent nécessairement de l'eau où ils vivent l'air qui se trouve dans leur vessie natatoire, et que dans certaines espèces cet air est incomparablement plus riche en oxigène, que celui que l'on retire de l'eau à toute profondeur; il devient bien probable que le premier n'est pas simplement le résultat d'une extraction et d'une transmission mécanique; mais que l'air contenu dans la vessie natatoire est séparé et sécrété à l'intérieur par des vaisseaux propres, ainsi que l'a annoncé Cuvier, qui dans quelques espèces a observé et décrit ces vaisseaux; car on ne peut pas objecter ici que l'autre gaz a été absorbé à l'intérieur par un acte de la respiration, comme dans les poissons pris à peu de profondeur, lesquels ne contiennent presque que de l'azote, et au contraire, c'est peut-être un phénomène très-singulier par lui-même que cette grande abondance d'oxigène, dans un organe dont les membranes sont tapissées d'une infinité de vaisseaux sanguins qui sembleroient devoir l'absorber.

Détails de quelques-unes des analyses rapportées dans le Mémoire précédent.

Analyse du gaz contenu dans la vessie natatoire d'un poisson nommé en espagnol *pagrée*, et pris à 120 mètres de profondeur.

1re. *expérience.* Air du pagrée............ 70 parties.

            Hydrogène préparé...... 81

               Volume total 151

             Détonation par l'étincelle

               électrique et résidu.... 46

            Donc absorption........ 105

            Donc oxigène......... 35

            Et hydrogène absorbé... 70

D'après les proportions des gaz employés dans cette expérience, on voit que l'absorption de l'oxigène a été complette. On a donc la portion d'oxigène dans l'air de la vessie natatoire du pagrée $= \frac{35}{70} = 0{,}50$.

2e. *expérience.* Air du pagrée.......... 619 parties.

            Hydrogène préparé..... 635

              Volume total 1254

            Détonation et résidu.... 324

            Donc absorption....... 930

            Donc oxigène.......... 310

            Et hydrogène absorbé... 620

D'après les proportions des gaz employés, on voit que l'absorption a été totale. On a donc la proportion de l'oxigène dans la vessie natatoire du pagrée $= \frac{310}{619} = $ 0,50.

3⁰. *expérience*. Air du pagrée......... 99.5 parties.

4⁰. *Idem*.   Hydrogène préparé..... 76

Volume total....... 175.5

Détonation et résidu.... 63.2

Donc absorption....... 112.3

Donc oxigène........ 37.5

Et hydrogène absorbé.. 75

Tout l'hydrogène a donc été absorbé à l'exception d'une partie, ce qui tient aux erreurs inévitables dans les expériences ; car une partie de mon eudiomètre n'a pas 1 millimètre de hauteur, et la seule différence de courbure de l'eau, selon que le tube sera plus ou moins mouillé, ou quelques gouttes d'eau adhérentes aux parties supérieures du tube suffisent pour produire cette différence dans des expériences qui exigent plusieurs transvasemens successifs.

Or, 99,5 du gaz employé contiennent d'après les expériences précédentes, 49,7 d'oxigène. Et comme le gaz hydrogène employé n'a pu en absorber que 37,5 , il s'ensuit qu'il en restoit encore 12,2 qui auroient dû disparoître en tout ou en partie, si le gaz analysé eût contenu de l'hydrogène. Cet effet n'ayant point eu lieu, nous conclurons que le gaz renfermé dans la vessie natatoire du pagrée contient 0,50 d'oxigène et point d'hydrogène en quantité sensible.

Analyse de l'air contenu dans la vessie natatoire d'une merluche, en espagnol *pescada*, prise à une grande profondeur.

Air de la pescada........	81 parties.
Hydrogène préparé........	95
Volume total...........	176
Détonation et résidu......	35
Donc absorption.........	141
Donc oxigène...........	47
Et hydrogène absorbé.....	94

Tout l'hydrogène ayant été absorbé,

on reprend le résidu..........	35
Hydrogène préparé........	58
Volume total	73
Détonation et résidu.......	21
Donc absorption.........	52
Donc oxigène...........	17.3
Et hydrogène absorbé.....	34.6

Ces 17,3 d'oxigène existoient dans le gaz lors de la première détonation, et cependant l'absorption n'a pas excédé celle qui devoit résulter du gaz hydrogène introduit. Ceci est une

preuve que le gaz contenu dans la vessie natatoire de la pescada, ne contient point d'hydrogène en quantité sensible.

L'hydrogène absordé 34,6 est moindre de
3,3 que la quantité introduite, donc tout l'oxigène a dû être absorbé ; et en réunissant ces
divers résultats, la proportion d'oxigène contenu dans l'air de la vessie natatoire de la pescada $= \frac{47 + 17.3}{81} = \frac{64.3}{81} = 0.794$.

Pour vérifier ces résultats successifs par une
seule expérience, on a pris.

Air de la pescada	54	parties.
Hydrogène préparé	111.5	
Volume total	165.5	
Détonation et résidu	36.6	
Donc absorption	129.0	
Donc oxigène	43	
Et hydrogène	86	

D'après les proportions des gaz employés,
on voit que l'absorption a été complette, ce
qui donne la proportion d'oxigène dans l'air de
la vessie natatoire de la pescada $= \frac{43}{54} = 0,796$.

1re. expérience. Proportion d'oxigène	0.794
2e. Idem	0.796
Moyenne	0.795

Analyse de l'air contenu dans la vessie na-tatoire d'un poisson nommé *oriola*.

Air de l'oriola.............	93 parties.
Hydrogène.................	80
Volume total.............	173

Dénotation très-forte. L'eudiomètre s'est brisé. Je reprends l'expérience avec un autre tube eudiométrique et avec d'autres propor-tions.

Air de l'oriola..............	34.5
Hydrogène.................	70
Volume total.............	104.5
Détonation et résidu........	15
Donc absorption............	89.5
Donc oxigène..............	29.83
Et hydrogène absorbé........	59.7

D'après les proportions des gaz employés, on voit que l'absorption de l'oxigène a été complette, ce qui donne la proportion de l'oxigène dans la vessie natatoire de l'oriola
$$= \frac{29.83}{34.50} = 0.86.5.$$
Deuxième expérience dans un grand eudiomètre avec des volumes plus considérables.

Air de l'oriola.......... 247 parties.
Hydrogène préparé 580

Volume total........ 827
Détonation et résidu.... 184

Donc absorption 643
Donc oxigène.......... 214.3
Et hydrogène.......... 428.7

D'après les proportions employées, on voit
que l'absorption de l'oxigène a été complette, ce
qui donne la proportion d'oxigène dans l'air de
la vessie natatoire de l'oriola $= \dfrac{214.3}{247.0} = 0.868.$

1re. *expérience*. Proportion d'oxigène.... 0.865
2e. *Idem*......................... 0.868

Moyenne......................... 0.867

DESCRIPTION

D'UN MANOMÈTRE

Avec lequel on peut reconnoître les changemens qui surviennent dans l'élasticité et dans la composition d'un volume d'air déterminé.

Par M. C. L. Berthollet.

On a donné le nom de manomètre à différens instrumens que l'on a imaginés pour reconnoître les différences de densité des couches de l'air atmosphérique ; car on ne peut déterminer par le baromètre les variations qui dépendent de la chaleur et de l'état hygrométrique.

Otto de Guerike décrivit déja un manomètre, que Boyle donna ensuite comme étant de son invention ; mais ni l'un ni l'autre n'en distingua l'usage de celui du baromètre (1). Varignon, Fouchi, Gerstner, donnèrent depuis lors différens manomètres.

On a en général cherché, par ces instrumens, à reconnoître les changemens de densité dans l'air par la différence qui s'établit dans le poids d'un globe vide ou plein d'air, mais scellé hermétiquement et mis en équilibre avec un poids métallique; car, lorsque la densité de l'air extérieur vient à changer, le globe subit dans son poids un changement qui répond à celui qui se fait dans un volume d'air égal à celui qu'il occupe, pendant que le poids métallique qui n'a qu'un petit volume reste sensiblement le même.

Bouguer employa un moyen différent pour comparer les densités de l'air de l'atmosphère (2): il se servit d'un pendule qu'il fit osciller à différentes hauteurs, pour juger par les pertes de mouvement que faisoit le pendule dans un tems donné, de la résistance de l'air, et par conséquent de sa densité : ses expériences lui

---

(1) Physikalische Worterbuch. Von Gehlen, au mot *Manometer*.

(2) Mém. de l'Acad. des Sciences. 1753.

parurent confirmer l'opinion à laquelle il avoit
été conduit, que depuis la hauteur où le baromètre se soutient à 16 pouces jusqu'à celle où il
se soutient à 21 pouces, il y a un rapport
constant entre les densités de l'air et les poids
qui le compriment, mais que ce rapport varie
depuis cette hauteur jusqu'au niveau de la mer;
ce qu'il attribuoit à une différence dans l'élasticité des molécules de l'air. Cette erreur pouvoit
provenir de la difficulté d'obtenir des résultats
dégagés d'incertitude par le moyen du pendule
dont se servoit Bouguer, comme l'a prouvé
M. Théodore de Saussure (1), et de ce qu'il
négligeoit d'évaluer l'effet de la chaleur et de
l'état hygrométrique de l'air.

On pouvoit s'occuper de ces moyens de reconnoître la densité des couches de l'atmosphère, lorsqu'il restoit des doutes sur la nature
de l'air, sur les proportions de ses parties
constituantes, et sur la loi que suit sa dilatation
par l'élévation de température : mais à présent
que l'on a des connoissances précises sur ces
objets, et que les incertitudes qui peuvent rester sur les indications de l'hygromètre sont

(1) Journ. de phys. 1790.

beaucoup plus petites que celles qui doivent résulter des moyens dont on vient de parler ; il est plus expéditif et plus sûr de s'en tenir au baromètre, en combinant son indication avec celle du thermomètre et de l'hygromètre.

Il n'en est pas de même du manomètre destiné à déterminer les changemens qui surviennent dans l'élasticité d'une quantité d'air contenue dans un vase : Saussure dirigea vers ce but l'appareil auquel il donna le nom de manomètre, et au moyen duquel il a fait des observations si importantes (1) : c'est simplement un baromètre dont la cuvette est contenue dans un ballon de verre qui est fermé hermétiquement, et dans lequel on peut introduire les substances qui peuvent affecter l'élasticité de l'air, par une ouverture pratiquée dans le col du ballon, mais en établissant alors momentanément la communication entre l'air intérieur et l'air extérieur.

Pendant que la communication avec l'air extérieur est interrompue, le baromètre est insensible aux variations de l'atmosphère, et il n'éprouve de changement dans son élévation

____

(1) Essais sur l'Hygrométrie, p. 109.

que par l'accroissement ou la diminution de l'é=
lasticité.

C'est ce manomètre même dont j'ai cherché
à étendre les applications, et que j'ai tâché de
rendre propre à l'observation des phénomènes
qui ont lieu pendant la végétation, et généralement de ceux que présentent les substances
végétales et animales pendant leur vie ou après
leur mort, relativement à l'atmosphère dont
elles sont environnées.

D'abord, on apperçoit que le baromètre qui
remplit les fonctions du manomètre, indique
les quantités de gaz qui se dégagent ou s'ab-
sorbent dans un tems donné ; et comme il est
facile de reconnoître un changement d'un millième dans la hauteur du baromètre, on peut
déterminer un changement d'un millième dans
la quantité de l'air renfermé, par l'absorption
ou le dégagement d'un gaz.

Mais pour faire cette évaluation, il faut qu'un
thermomètre suspendu intérieurement indique
la même température que celle de la première
observation ; ou si la température est différente,
on doit ramener le gaz à la première par le
calcul.

Ce calcul exige que l'on y fasse entrer, non-
seulement le changement d'élasticité produit

par la température, mais encore celui qui provient de la tension de la vapeur de l'eau qui se forme ou qui se détruit ; et l'on doit se servir pour le dernier objet des observations de M. Dalton.

Après avoir reconnu les variations qui ont eu lieu dans l'élasticité du gaz à différentes époques de l'observation, il importoit de pouvoir déterminer les changemens chimiques qui sont survenus dans l'atmosphère de la substance végétale ou animale, et la nature des substances gazeuses qui peuvent s'être dégagées ou s'être absorbées.

Ce but est rempli au moyen d'un robinet au-dessus duquel on adapte, dans une cuvette, un tube gradué rempli d'eau ; en ouvrant le robinet, l'eau tombe dans le manomètre, et elle est remplacée dans le tube par un volume égal de gaz : on ferme le robinet, et on peut transporter le tube avec le gaz qu'il contient.

On retire donc par ce moyen une quantité du gaz contenu dans l'appareil, toutes les fois qu'on veut l'examiner, sans produire aucun changement dans la pression de celui qui reste et dans l'élévation du baromètre ; il ne s'agit plus que de soumettre le gaz que l'on a extrait, aux épreuves chimiques.

On détermine la proportion d'acide carbonique par l'absorption de l'eau de chaux, ensuite celle de l'oxigène par le sulfure hydrogéné de chaux, suivant la méthode de M. de Marty (1), et enfin, on éprouve le résidu avec du gaz oxigène dans l'eudiomètre de Volta, si l'on y soupçonne un gaz inflammable. Le reste donne la proportion de l'azote.

Dans la plupart des circonstances, il se forme de l'acide carbonique, et il s'en dissout plus ou moins dans l'eau qu'on a introduite dans l'appareil, selon sa quantité, selon sa température, et selon la pression à laquelle elle est soumise. M. Théodore de Saussure pour déterminer la quantité d'acide carbonique qui a été absorbée dans plusieurs de ses expériences, s'est contenté de la regarder comme égale au volume de l'eau qui se trouvoit dans ses appareils. Cette détermination n'est pas assez rigoureuse, puisque la quantité qui est absorbée par l'eau, varie beaucoup par les circonstances qu'on vient d'énoncer.

La quantité d'acide carbonique qui a été absorbée par le liquide contenu dans l'appareil,

_____

(1) Journ. de phys. tom. 52 ; Ann. de chim. tom. 61.

peut être déterminée, en précipitant cet acide
par l'eau de chaux ou par l'eau de barite, de la
totalité ou d'une partie du liquide ; après cela,
on introduit le précipité dans un flacon, on y
adapte un tube en entonnoir, par lequel on
verse une quantité d'acide sulfurique délayé, et
par la perte de poids qui se fait, on reconnoît
la quantité d'acide carbonique qui s'étoit dissoute dans le liquide, et qui vient de se dégager
du carbonate.

On peut, par les procédés que je viens d'indiquer, reconnoître dans un volume d'air pareil
à celui d'un kilogramme d'eau, et renfermé
dans un manomètre qui ait cette dimension, le
changement qui seroit produit par le volume d'un
gram. d'eau, la production d'une quantité d'acide
carbonique qui ne passe pas un centigramme
en poids, et une variation dans les proportions
de l'oxigène et de l'azote qui n'excède pas un
centième ; c'est une précision qui paroît suffire à
toutes les déterminations que l'on desire d'établir.

On a outre cela l'avantage de pouvoir répéter
et comparer les épreuves à différentes époques,
sans interrompre l'expérience, et de pouvoir en
faire varier plusieurs circonstances : j'ai fait construire des manomètres de différentes dimensions
pour les appliquer à différens objets.

I.

Jusqu'à présent, je n'ai fait qu'un petit nombre d'observations avec cet instrument, et je ne les ai pas suivies avec le soin qu'elles demandent ; mais j'ai eu principalement pour but dans cette publication, d'engager à l'employer, ceux qui s'occupent du genre d'expériences auquel il est destiné et qui ont plus de loisir que moi à leur consacrer, et plus de cette persévérance qu'elles exigent ; je vais cependant décrire quelques premières tentatives.

M. Théodore de Saussure, auquel on doit de savantes et laborieuses recherches sur la végétation, a fait voir que dans la plupart des cas où l'on supposoit que le gaz oxigène étoit absorbé par une substance végétale ou animale, il se formoit simplement une combinaison du carbone de ces substances avec l'oxigène atmosphérique, que le volume du gaz ne diminuoit qu'en raison de l'absorption de l'acide carbonique par l'eau, et qu'en même tems, il se produisoit de l'eau par la combinaison de l'oxigène et de l'hydrogène qui existoient dans la substance, en sorte que, quoique le résidu ait été privé d'une partie de son carbone par l'action du gaz oxigène, il se trouve cependant plus charbonné qu'auparavant, parce qu'il a été dépouillé d'une proportion plus grande d'hydrogène et d'oxigène que de carbone (1).

Il m'a paru utile d'examiner si ces résultats qui donnent l'explication de plusieurs transmutations, que subissent les substances végétales et animales, pouvoient conduire à des conséquences générales, ou s'ils devoient être restreints à une certaine classe de phénomènes.

Déja M. de Saussure avoit remarqué que le gaz oxigène étoit absorbé par les huiles, sans former une quantité correspondante d'acide carbonique.

La théorie de la dissolution de l'indigo par les bases alcalines qui se combinent avec lui, lorsqu'il est privé de l'oxigène et de sa précipitation par l'oxigène atmosphérique, qui a été exposée dans les Elémens de l'art de la teinture, paroissoit établie sur des preuves suffisantes; cependant l'analogie avec les faits observés par M. de Saussure, pouvoit porter à croire que l'oxigène atmosphérique servoit à former de l'acide carbonique, avec une partie du carbone de l'indigo qui avoit été rendu soluble.

Une dissolution d'indigo faite par le moyen du sulfate de fer et de la chaux, limpide et de couleur fauve après avoir été soigneusement

(1) Recherches chimiques sur la végétation.

séparée du dépot, a été introduite dans un manomètre de 11 litres 632 de capacité : le baromètre étoit à 0^m,75,74, le thermomètre à 12$^{d.c}$;
deux jours après, la liqueur étoit complettement
décolorée, et l'indigo étoit précipité en bleu
noir, le thermomètre étant à 12,5, le baromètre
avoit baissé de 6 millimètres.

La liqueur filtrée se couvroit à l'air de pellicules de carbonate de chaux, et précipitoit
abondamment avec l'oxalate d'ammoniaque : le
précipité bleu, retenu sur un filtre, n'a point
fait d'effervescence avec un acide, et a donné
avec l'acide sulfurique, une dissolution d'indigo
bien colorée.

On voit donc que la chaux a conservé son
état pendant la précipitation de l'indigo, et qu'il
ne s'est point formé d'acide carbonique.

D'un autre côté, l'épreuve de l'air contenu
dans le manomètre a fait voir que c'étoit le gaz
oxigène qui seul avoit été absorbé par l'indigo
dont il avoit opéré la précipitation. L'expérience
répétée une seconde fois a donné des résultats
semblables ; mais on néglige ici les calculs nécessaires pour déterminer la quantité de l'absorption, parce que l'on n'a pas reconnu le
poids de l'indigo précipité : on se borne à la
conclusion que la quantité d'oxigène qui a dis-

paru n'a point été employée dans ce cas à former de l'acide carbonique ; mais qu'elle s'est combinée avec l'indigo , auquel elle a rendu par là son insolubilité et sa couleur.

J'ai voulu comparer les changemens qui sont produits par une substance colorante d'une espèce différente , c'est le campêche.

La décoction de campêche qu'on obtient ordinairement a une couleur bleue , parce qu'on la prépare dans des vaisseaux de cuivre : elle est d'un beau rouge , lorsqu'on s'est servi d'un vase de verre ou d'argent.

Cette décoction bien claire a été refroidie dans un vase bouché à l'émeri, pour qu'elle ne fût pas altérée par le contact de l'air , et placée dans le manomètre, le thermomètre étant à 18,5, le baromètre à 0^{m},7593 : quatre jours après, la liqueur étoit trouble et la température étant la même , le baromètre intérieur étoit baissé de 0^{m}.03. L'abaissement a continué pendant deux mois, et dans cet espace de tems la liqueur est devenue très-trouble et d'un fauve rougeâtre ; il s'est formé un dépôt peu considérable et quelques bissus.

A la fin de l'expérience , le thermomètre étoit à 21,25 , l'abaissement total du baromètre de 0^{m},050, l'air du manomètre, ramené à la pression primitive contenoit sur 100 parties

Acide carbonique 3.91
Oxigène........ 6.55
Azote......... 89.54

Il y avoit à la fin de l'opération un accroissement de température de 3^d,25, ce qui exige la correction suivante dans le volume du gaz, à la pression primitive de 0^{m}7593.

D'après les déterminations que M. Gay-Lussac fera connoître, la quantité dont un volume d'air se dilate par 1^d, est exprimée par la hauteur du baromètre qui représente la tension de cet air divisée par 266,66, et devient en partant du degré supérieur à zéro égale au quotient de la tension par ce diviseur, augmenté du nombre de degrés d'où l'on commence à compter la dilatation. Dans le cas présent la hauteur du baromètre au commencement de l'opération = 0^m,7593, la température 18°, la colonne de mercure correspondante à une dilatation de 1°, sera donc

$$= \frac{0^m.7593}{266.66 + 18} = 0^m.00266,$$

et celle à retrancher pour la dilatation de 3°.25 = 0,00864.

Quant à la vapeur qui a dû se former, en ramenant les nombres de la table de Dalton aux degrés du thermomètre centigrade, et aux divisions du mètre, on trouve que la tension de la vapeur étant à 21°,25

$$= 0^m.01847 —$$
et à 18° $= 0^m.01536.$

la colonne de mercure soutenue par la vapeur élastique qui a été produite pendant l'expérience,

$$= 0^m.00311.$$

Le manomètre, ramené aux données primitives, a donc éprouvé un abaissement

$$= 0^m.050 + 0^m.00864 + 0^m 00311 = 0^m.06175,$$

$= 0.0813$ du volume de l'air mis en expérience.

Pour savoir sur quelle substance porte l'absorption, il faut tenir compte de la quantité d'acide carbonique qui a dû se dissoudre, et comme on a négligé de le faire par la précipitation, ainsi que je l'ai indiqué, on se bornera à regarder avec M. de Saussure, cette quantité comme égale en volume au liquide.

La capacité du manomètre étant 4 litres 676, le volume du liquide $= 0,565$, le volume de l'air mis en expérience = 4 lit. 111, le volume de l'acide carbonique dissous par la liqueur = o lit. 565, forme les 0,137 ; or en additionnant les proportions d'acide carbonique et d'oxigène retrouvées dans l'air, et en supposant que le gaz oxigène en se combinant avec le carbone est remplacé par un volume d'acide carbonique précisément égal au sien, on trouve qu'il manque sur 100 parties d'air 10,54 d'oxigène ou les 0,105 du volume de l'air, quantité qui ne diffère que de 0,032 de celle de l'acide carbonique que l'on a supposé dissous par le liquide. Cette différence doit être négligée, parce que le volume de l'acide carbonique absorbé a dû être inférieur à celui de l'eau, soit à cause de l'élévation de température, soit à cause de la diminution de la pression.

Si l'on compare ce résultat avec l'indication précédente du manomètre, on trouve qu'il n'y a que 0,02 de différence ; quantité qui peut être négligée, principalement à cause de l'évaluation inexacte de l'acide carbonique tenu en dissolution.

Les phénomènes répondent donc parfaitement dans cette circonstance aux observations de M. de Saussure ; le gaz oxigène n'est pas absorbé par la dissolution de campêche ; mais

celle-ci le change en acide carbonique en lui cé-
dant du carbone : en même tems sans doute,
il se forme de l'eau par l'union intime de l'oxigène et de l'hydrogène qui existoient dans la
substance, qui devient par là plus charbonnée,
et c'est par ces effets que l'on doit expliquer
les altérations qu'elle subit dans ses propriétés.

Alors cette dissolution ne donne qu'un précipité fauve avec le nitro - muriate d'étain, au
lieu d'un précipité rouge vif ; un précipité oli-
vâtre avec la dissolution de fer très - oxidé,
au lieu d'un précipité noir-bleuâtre ; un précipité rouge fauve avec le muriate du cuivre,
au lieu d'un précipité bleu.

On voit par là que dans l'application aux
arts, on peut obtenir du campêche une couleur différente, selon le vase dans lequel on
fait la décoction ; que l'action de l'air, au moins,
lorsqu'elle est trop prolongée, la dénature et
la décompose ; en sorte que cette décoction
que l'on conserve sous le nom de *jus de campêche*, peut être détériorée, si on lui laisse
subir sans précaution l'action de l'air.

On a obtenu des résultats qui diffèrent des
deux précédens, en soumettant la noix de galles
à l'épreuve du manomètre, dans la vue d'examiner ce qui se passoit dans le développement

de l'acide gallique : une portion de l'oxigène de l'air s'est transformée en acide carbonique, par le moyen du carbone de la substance ; mais il s'en est aussi dégagé une autre portion, dont elle avoit fourni les deux élémens, et enfin il s'est fait une absorption considérable d'azote : cet objet exige d'autres observations.

Explication de la planche qui représente le Manomètre, et de la manière de se servir de cet instrument.

Fig. 1 et 2. Projections verticale et horisontale d'un manomètre cylindrique formé par un bocal *A* à large ouverture, dont le col porte une garniture de cuivre *B*. L'intérieur de cette garniture forme écrou pour la plaque de cuivre *E*, qui sert à fermer le manomètre ; elle appuie sur une rondelle de cuir disposée à l'extrémité du pas de vis intérieur de la garniture, de telle manière qu'en vissant cette plaque elle comprime le cuir, et clot ainsi très-exactement le bocal. *G*, *G*, boutons sur lesquels se fixent les échancrures de la clef représentée de plat en

R, et vue de champ en S; cette clef sert à tenir fixe le bocal, tandis que l'on fait tourner et que l'on serre le couvercle avec l'autre clef T, dont la tête carrée embrasse le bouton de même forme, que l'on voit en E dans les deux projections.

a, a, a, trois crochets fixés au couvercle auxquels on peut suspendre un thermomètre, un hygromètre, etc.

D, douille dans laquelle on fixe avec un mastic dur un baromètre à siphon; comme il seroit difficile de lui donner dans cette douille une situation exactement verticale, et comme d'ailleurs l'inclinaison du pas de vis que porte le couvercle peut l'écarter de cette position, pour donner plus d'exactitude à ses indications, on pose le manomètre sur une rondelle de bois, traversée par trois vis k, k, k, que l'on fait mouvoir jusqu'à ce que le tube du baromètre soit bien vertical; ce que l'on peut juger facilement à l'aide du fil à plomb IF, que l'on mire successivement dans deux positions qui font entre elles un angle droit. Ce fil est attaché à une échelle mobile H à laquelle on ne donne que de $0^m,04$ à $0^m,05$ d'étendue. Cette échelle en laiton embrasse par deux anneaux b, b non fermés, et faisant ressort, le

tube barométrique ; elle peut ainsi être placée à
toutes les hauteurs sur le baromètre, et y conserver la position qu'on lui donne. On s'en sert
pour déterminer la quantité dont la hauteur de
la colonne de mercure a varié dans le cours
d'une expérience ; si cette quantité excédoit les
limites de cette échelle, ce qui est peu probable, on la feroit glisser de manière à mesurer
en plusieurs fois toute la variation observée. La
hauteur absolue du mercure se prend au commencement de l'expérience sur un baromètre,
et l'on fixe l'une des extrémités de l'échelle *H*
à la sommité du mercure dans ce moment.
La petite branche du siphon est munie d'une
échelle, afin d'observer aussi la différence de
hauteur du mercure du commencement à la fin
de l'expérience. Lorsque les expériences l'exigent, on donne au tube une longueur qui excède beaucoup celle des baromètres ordinaires,
et elle peut être augmentée assez pour qu'il
indique une pression double de celle de l'atmosphère.

La plaque *E* porte en *C* un robinet destiné
à donner issue à l'air de l'appareil, quand on
veut en faire l'examen ; et ce robinet est ajusté
de manière que l'on peut répéter ces épreuves
aussi souvent qu'on le juge nécessaire dans le

cours d'une expérience, sans craindre de changer
la nature, ou même l'état de compression de
l'air du manomètre. Pour cela le robinet a au-
dessus de son collet en *L* (fig. 1, 3, 4 et 5)
deux pas de vis, l'un intérieur, l'autre extérieur.
Sur celui-ci se monte une soucoupe de cuivre
M que l'on remplit d'eau distillée ; le tube de
verre *N* gradué, et muni d'une douille de
cuivre en *O*, s'ajuste sur le pas de vis intérieur après avoir été aussi rempli d'eau distillée ;
l'extrémité de sa vis est garnie d'une rondelle
de cuir que l'on comprime. En ouvrant le robinet l'eau du tube est déplacée par l'air, qui
s'échappe du manomètre, et lorsqu'on s'apperçoit qu'il en est entré dans le tube une quantité suffisante, on referme le robinet. En dé-
vissant le tube, le volume de l'air qui y est
entré change ordinairement, et occupe un espace ou plus petit ou plus grand, selon qu'il
éprouvoit dans le manomètre une pression plus
foible ou plus forte que celle de l'atmosphère.
Mais on enlève le tube en plongeant le doigt dans
l'eau de la cuvette, et fermant avec son extrémité l'orifice du tube, et on ne mesure l'air
qu'après avoir déterminé avec les précautions
ordinaires, la température et la pression auxquelles il est exposé.

On n'introduit ainsi dans le manomètre, qu'un liquide qui le plus souvent ne trouble pas les résultats, et dont on peut toujours évaluer l'influence ; si l'on craignoit cependant qu'il n'interrompît l'expérience, on pourroit le recevoir dans un vase disposé à cet effet dans l'intérieur du manomètre.

La fig. 3 fait voir les différentes pièces dont on vient de parler prêtes à être ajustées : la fig. 5 est une coupe de ces mêmes pièces toutes ajustées.

On doit observer dans la construction de cet appareil de donner au trou de la clef du robinet, un diamètre assez fort pour que l'écoulement de l'eau du tube s'opère facilement, et il ne doit pas être moindre que 12 millimètres. Pour que l'air contenu dans ce trou soit dans les mêmes circonstances que celui qui occupe toute la capacité du manomètre, on laisse pendant toute la durée des expériences le robinet ouvert comme on le voit fig. 1 et 2 ; on intercepte la communication avec l'air extérieur à l'aide d'un bouchon de cuivre Q (fig. 1 et 4), qui porte le même pas de vis que la monture du tube divisé, et qui est également garni d'une rondelle de cuir. Pour pouvoir le serrer convenablement, il a à sa surface une cavité carrée que l'on apperçoit en *p*, dans laquelle on insère la tige *r* de même forme qui est à l'extrémité du manche de la clef *T*. On ne ferme alors le robinet qu'au moment où l'on veut extraire de l'air du manomètre.

Les détails de la construction de cet instrument sont dus à M. Fortin, dont l'ingénieuse habileté est bien connue.

RECHERCHES

SUR L'ACTION RÉCIPROQUE

DU SOUFRE ET DU CHARBON.

Par M. A. B. Berthollet.

L'action du soufre sur le charbon a été spécialement examinée par M. Lampadius et par MM. Clément et Desormes ; mais l'on trouve autant d'opposition entre les conséquences qu'ils ont tirées de leurs expériences qu'entre les vues dans lesquelles ils les ont entreprises. Dès 1796 M. Lampadius, pour évaluer le produit en soufre d'une pyrite martiale, la traitant à un grand feu avec du charbon, avoit remarqué la production d'un liquide très-évaporable dont Gréen a fait mention dans son *Neues journal der physik*, et que Van Mons a annoncé en 1797 dans le n°. 8 du Journal des pharmaciens de Paris. Quelques-unes des propriétés de cette substance avoient fait soupçonner à M. Lampadius qu'elle pouvoit être composée de soufre et d'hydrogène. Plus récemment il l'a soumise encore à des recherches (1), qui, sans le conduire à une détermination précise de sa composition, lui ont paru propres à confirmer ses premières conjectures. Il donne à ce liquide le nom de *alcool de soufre* à cause de sa grande volatilité. Dans le travail que MM. Clément et Desormes entreprirent pour combattre les faits qui avoient servi à prouver l'existence de l'hydrogène dans le charbon, ils imaginèrent (2) de faire agir le soufre sur le charbon porté à une haute température. Ils observèrent que par ce moyen le charbon disparoissoit, sans aucun dégagement de gaz, et qu'il se produisoit un liquide plus évaporable que l'éther, et cependant plus lourd que l'eau, d'une odeur peu différente de celle de l'hydrogène sulfuré, très-inflammable, et qu'ils trouvèrent entièrement composé de soufre et de carbone. Ils nommèrent en conséquence ce liquide *soufre carburé*. Ils donnèrent également les noms de *soufre*

_____

(1) Jour. de chim. de Van Mons, tom. 5.
(2) Ann. de chim. tom. 42.

carburé solide et de *soufre carburé gazeux* à
deux produits , l'un concret et ayant l'apparence du soufre, l'autre aériforme , qu'ils obtin-
rent dans des circonstances particulières.

Ainsi selon M. Lampadius le résultat de l'action du soufre sur le charbon étoit un liquide
composé d'hydrogène et de soufre , et selon
MM. Clément et Desormes , c'étoit un liquide
qui ne contenoit que du soufre et du carbone.

Une différence aussi grande dans la nature
de produits obtenus des mêmes substances ,
étoit d'autant plus propre à inspirer des doutes ,
qu'il y avoit la plus grande analogie entre les
propriétés qu'on a reconnues à l'un et à l'autre de
ces liquides. Il paroît de plus peu vraisemblable
qu'un liquide doué d'une tension plus forte que
celle de l'éther , et, qui plus est, un gaz permanent, puissent être formés par la combinaison de
deux corps solides, dont l'un est un des plus fixes
que l'on connoisse. J'ai cru utile de dissiper
l'obscurité que ces résultats contradictoires et
peu satisfaisans répandent sur ce sujet , intimé-
ment lié à plusieurs des plus importantes déterminations de la chimie.

J'ai suivi le procédé indiqué par MM. Clément et Desormes , en n'apportant que de légères modifications à la disposition de l'appareil.

Un tube de verre long d'environ un mètre, traversoit horisontalement un fourneau de réverbère de telle façon que d'un des côtés il sailloit
tout au plus d'un décimètre ; de l'autre il excédoit la paroi du fourneau de la moitié de sa longueur. On l'inclinoit un peu de ce côté vers le
premier. La partie comprise dans l'intérieur du
fourneau étoit enduite d'un lut capable de résister
à une forte chaleur. A la première extrémité du
tube étoit ajustée une alonge lutée à un petit
récipient tubulé qui communiquoit par un tube
avec un flacon à deux tubulures. Les gaz, après
avoir traversé l'eau de ce flacon, étoient conduits par un tube doublement coudé dans un
appareil pneumato-chimique. Le ballon contenoit un peu d'eau distillée. On plaçoit des morceaux de charbon dans la partie lutée du tube,
et après avoir introduit des morceaux ou des
fleurs de soufre dans le reste du tube, on fermoit
hermétiquement son orifice. Cela fait, on échauf-
foit la partie qui contenoit le charbon, et lorsqu'elle étoit incandescente on faisoit couler du
soufre en le fondant peu-à-peu.

Dès que le soufre et le charbon étoient en contact, il se dégageoit un gaz dont les bulles se suc-
cédoient rapidement. En même tems l'alonge et
le ballon se remplissoient de vapeurs blanchâtres

qui , en se condensant, se réunissoient sous
l'eau en gouttes d'un liquide blanc, quelquefois un peu jaune. Lorsque le dégagement de gaz
et la condensation du liquide se ralentissoient
on faisoit passer plus de soufre sur le charbon ,
et si , malgré cela, l'opération ne s'accéléroit
pas on élevoit la température de celui-ci. Le
plus souvent il sortoit du tube avec les vapeurs et les gaz , du soufre liquide , qui se solidifioit dans l'alonge. La manière de conduire
cette expérience en fait varier les résultats. Lorsqu'on a pour but de former principalement du
liquide , il faut maintenir le charbon au rouge
cerise , et ne faire passer qu'un léger excé-
dent de soufre. Il est bon aussi , dans ce
cas , de tenir dans un mélange réfrigérant le
ballon et le flacon. Si on fait passer trop
peu de soufre on n'obtient que des gaz et
quelques gouttes d'un liquide surnageant l'eau ,
qui , dans le cours de l'expérience , reprend
lui-même l'état gazeux ; s'il en passe trop , les
effets sont les mêmes , et il coule dans l'alonge
beaucoup de soufre à cet état particulier qui l'a
fait appeler par MM. Clément et Desormes
soufre carburé solide. On peut , par des variations analogues dans la température , apporter
les mêmes différences dans les résultats.

Quand l'opération a été conduite de la manière la plus favorable à la formation du liquide, le dégagement du gaz, dont elle est toujours accompagnée, cesse après un certain tems, et l'opération se termineroit alors si on n'augmentoit beaucoup à la fois la température du tube, et la quantité de soufre qu'on y fait passer. Dans ces nouvelles circonstances il ne se condense plus de liquide, mais le dégagement de gaz se ranime et continue encore longtems. La durée de cette expérience peut donc, d'après ces indications être partagée en deux termes. On verra qu'ils ne sont pas moins caractérisés par la nature des produits qui se forment pendant chacun d'eux, et que ces modifications sont dues à l'influence de celle des deux substances dont la quantité est prédominante.

Le charbon que j'ai employé a toujours été tenu préalablement pendant une demi-heure dans un creuset rouge, afin de le dégager de l'eau qu'il contient et des substances gazeuses qu'il abandonne à la première impression de la chaleur. A la fin de l'opération, je tenois le tube incandescent quelque tems après que le soufre avoit cessé de couler, pour volatiliser celui qui se seroit trouvé en contact avec le résidu au moment du refroidissement et en auroit changé la nature. J'empêchois aussi que ce résidu fût altéré par l'introduction de l'air dans l'appareil, en fermant un robinet adapté à la tubulure du ballon.

Je passe maintenant à l'examen des résultats de cette expérience, en commençant par ceux que l'on obtient en l'arrêtant à son premier terme.

L'eau du flacon à travers laquelle passoient les gaz étoit devenue laiteuse. Elle avoit l'odeur et tous les caractères de l'eau d'hydrogène sulfuré. Le gaz lui-même en avoit l'odeur. Agité, ou laissé longtems en contact avec l'eau il s'absorboit, en la rendant laiteuse, et en lui donnant les propriétés de l'eau d'hydrogène sulfuré. Il brûloit avec une flamme bleue et en exhalant l'odeur d'acide sulfureux. Mêlé avec de l'oxigène, il détonoit vivement par l'étincelle électrique, quelquefois sans troubler l'eau de chaux, le plus souvent en y produisant un léger précipité. Par cette épreuve le gaz provenant d'une opération où on a fait passer peu de soufre en déposoit abondamment, quoiqu'il fût mêlé à volume égal avec l'oxigène. On reconnoît à ces divers caractères un gaz hydrogène sulfuré moins soluble dans l'eau que celui qu'on produit ordinairement en décomposant par un acide les sulfures alcalins où métalliques ; mais ce n'est pas là le premier exemple des changemens que ce gaz peut éprouver dans ses propriétés et ses proportions. Schéele(1) a obtenu un gaz hydrogène sulfuré entièrement insoluble. Kirwan (2) en a fait connoître un qui n'est qu'en partie soluble. Enfin Chaptal fils (3) a observé de grandes variations dans la solubilité de différens gaz de ce genre.

La liqueur qui s'étoit réunie sous l'eau du ballon et dont quelques globules s'étoient aussi condensés dans le flacon, m'a présenté tous les caractères de *l'alcool de soufre* de M. Lampadius ou du *soufre carburé* de MM. Clément et Desormes. Cette liqueur étoit d'une transparence presqu'aussi parfaite que celle de l'eau. Son odeur étoit assez analogue à celle de l'hydrogène sulfuré, cependant plus vive et plus piquante. En l'agitant dans le flacon où on la conservoit sous l'eau, elle s'attachoit en gouttelettes au verre et le graissoit comme auroit fait une huile. Elle brûloit vivement avec une flamme bleue et l'odeur d'acide sulfureux : mais ici cesse l'accord entre mes observations et celles

___

(1) Traité de l'Air et du Feu, p. 253.
(2) Trans. Phil. 1785.
(3) Stat. chim. tom. 2, p. 104.

de MM. Clément et Desormes. *Ils ont obtenu*, disent-ils, *par cette combustion un résidu composé de charbon noir comme à l'ordinaire :* pour moi, j'ai constamment vu la combustion produire l'entière destruction de cette substance, sans qu'il me fût possible de distinguer d'ailleurs, dans sa couleur ou sa consistance, aucun signe d'altération pendant qu'elle brûloit ; et si j'arrêtois la combustion, je n'appercevois que du soufre entièrement exempt de tout corps étranger. Cette liqueur est très-volatile et produit par conséquent sur la peau l'impression d'un froid vif. Exposée sous une cloche avec de l'air atmosphérique, elle en augmente beaucoup le volume ; celui-ci s'enflamme, après cela, par l'approche d'un corps embrasé et brûle paisiblement en bleu ; il ne détonne point par l'étincelle électrique, et il revient à son premier volume, par le contact de l'eau, qui prend, par là, les propriétés de l'eau d'hydrogène sulfuré : ce fait suffit pour rendre manifeste l'existence de l'hydrogène dans cette liqueur. Quelque transparente qu'elle fût, je n'ai jamais pu la volatiliser en entier et, soit que je l'abandonnasse au contact de l'air, sans élever sa température, soit que je hâtasse son évaporation par la chaleur, j'ai toujours obtenu un résidu composé de soufre, que je

pouvois sublimer complettement , sans avoir le
plus léger indice de charbon : résultat opposé à
celui de MM. Clément et Desormes , mais conforme à celui de M. Lampadius.

Le résidu de cette opération ne m'ayant pas
présenté de charbon, j'ai voulu m'assurer encore
que le gaz qui en résulte ne contient pas de carbone outre l'hydrogène et le soufre que j'y ai reconnus. Pour cela, quoique j'eusse constaté que
le mélange de ce gaz avec l'oxigène détonne très-
fortement par l'approche d'un corps enflammé ,
ainsi que l'ont annoncé MM. Clément et Desormes,
j'eus recours à l'étincelle électrique , comme au
moyen le plus direct. La détonation qui se produit ainsi est si violente , que je n'ai pu par
aucune précaution prévenir sur la cuve de mercure les explosions et la rupture des tubes eudiométriques , épais de 3 millimètres. Mais en
opérant sur l'eau , dans des tubes épais et avec
de petites quantités de gaz , on peut effectuer
plus sûrement la détonation. Si l'expérience est
faite sur l'eau de chaux , on ne voit se former
aucun précipité ; quoique la quantité d'eau de
chaux soit plus considérable que celle qu'il faudroit pour saturer les deux acides qui peuvent
se développer. Cette liqueur ne contient donc
pas de carbone.

A l'appui de cette conséquence je puis citer encore l'action que l'acide muriatique oxigéné et les alcalis exercent sur cette liqueur. Le premier de ces réactifs agit lentement sur elle ; il ne se dégage point de gaz ; l'acide perd son odeur ; en le renouvelant un assez grand nombre de fois, la liqueur perd graduellement de sa liquidité, et laisse enfin un résidu ayant la couleur et la consistance du soufre, dans lequel on ne peut reconnoître de charbon. Si, comme l'ont dit MM. Clément et Desormes, l'acide muriatique oxigéné agissoit d'abord sur le charbon qu'ils croyoient exister dans cette liqueur, on devoit, puisqu'on n'a point obtenu d'acide carbonique à l'état gazeux, en retrouver quelques traces mêlées dans l'eau avec l'acide muriatique : or les eaux de chaux et de barite n'y dénotent que de l'acide sulfurique.

L'eau de potasse agitée avec cette liqueur passe lentement à l'état de sulfure hydrogéné : la digestion à une chaleur douce accélère cet effet. En employant une suffisante proportion d'alcali, j'ai fait ainsi entrer totalement en combinaison une certaine quantité de liqueur, sans aucun indice de résidu charbonneux qu'on avoit annoncé.

Je conclus de tout ceci, que la liqueur produite par l'action du soufre sur le charbon incandescent ne contient pas de carbone, et qu'elle n'est composée que de soufre et d'hydrogène, ainsi que l'avoit présumé M. Lampadius. Elle doit donc porter le nom de *soufre hydrogéné*, déja donné à une combinaison qui est tout-à-fait semblable à celle-ci (1), ou, du moins, qui n'en diffère que par quelques modifications évidemment dues à une moindre proportion d'hydrogène.

Si l'on distille ce soufre hydrogéné sous l'eau, à une chaleur de 30 à 36°, et dans un appareil entièrement purgé d'air, on recueille d'abord un gaz pareil à celui qui est produit par l'évaporation à l'air, ou dans le gaz oxigène. Il a l'odeur de l'hydrogène sulfuré, brûle en bleu quand il est mêlé avec de l'air, détonne vivement s'il l'est avec de l'oxigène, s'absorbe promptement dans l'eau en la rendant laiteuse par précipitation d'un peu de soufre, et en lui donnant les caractères d'une eau d'hydrogène sulfuré. Après ce gaz, passe un liquide parfaitement transparent et incolore, qui nage en gouttes à la surface de l'eau. Dès que ces

_____

(1) Ann. de chim. tom. 25.

gouttes ont le contact de l'air elles s'évaporent,
et bientôt, ou elles précipitent au fond de l'eau, ou
leur évaporation continue jusqu'à ce qu'elles ne
laissent plus à leur place que de petites parcelles
de soufre. Lorsqu'en continuant la distillation
on a graduellement élevé la chaleur jusqu'à 45°,
le dégagement de gaz n'a plus lieu, et les gouttes
de liquide qui se condensent prennent une densité plus grande que celle de l'eau. A mesure que
le soufre hydrogéné devient plus difficilement
évaporable on voit changer son apparence. Il
devient de plus en plus jaune et opaque. En arrêtant l'opération quand la chaleur a été maintenue
quelque tems à 45°, il se prend par le refroidissement en une masse dans laquelle on distingue des cristaux prismatiques très-prononcés.
Par l'impression de la même chaleur cette masse
redevient liquide et, en continuant à élever la
température, on arrive à n'avoir que du soufre
que l'on peut ensuite sublimer sans résidu. Ces
divers phénomènes ont également lieu dans
un appareil d'où l'on n'a point exclu l'air ; seulement la quantité de gaz produite est plus grande,
et celle du liquide condensé moindre. Enfin, à
l'air libre, l'évaporation est beaucoup plus rapide
et donne aussi, comme on l'a vu plus haut, un
résidu de soufre. Il n'y a dans ces petites différences

rien qui ne dépende de la théorie générale de la vaporisation.

Lorsqu'on fait passer trop peu de soufre sur une grande quantité de charbon, on voit de même se former des liquides de densités différentes, dont les uns, plus lourds que l'eau, se condensent dans le ballon ; d'autres ne se condensent que dans l'eau du flacon et viennent se répandre à sa surface ; d'autres enfin, après avoir traversé cette eau, passent encore dans l'appareil pneumato-chimique et surnagent l'eau qu'il contient : une température élevée favorise la formation presque simultanée de ces différens liquides.

Le soufre forme donc avec l'hydrogène des liquides dont les proportions dépendent des circonstances dans lesquelles leur combinaison s'opère. Ces variations sont d'autant plus multipliées que, l'un des élémens étant solide, l'autre, qui est gazeux et qui paroît n'avoir éprouvé qu'une foible condensation, conserve une grande disposition à reprendre l'état élastique et, sous cette nouvelle forme, peut encore entrer à des proportions différentes en combinaison avec le premier. La constitution de ces liquides est si variable, que je crois superflu d'indiquer ici les propriétés qui en dépendent, telles que la tension, la pesanteur spécifique, etc.

Les expériences que je viens de rapporter offrent encore une grande analogie entre la distillation du liquide qui résulte de la combinaison du soufre avec l'hydrogène, et celle de quelques liquides composés d'hydrogène et de carbone. Dans l'une et dans l'autre la première action de la chaleur est de séparer des produits gazeux, et ensuite des produits de moins en moins volatils à mesure que la substance soumise à la distillation s'approche elle-même de l'état solide; et cet effet même est une conséquence de la nature de ces composés.

Je reviens aux produits de l'expérience dans laquelle on obtient le soufre hydrogéné. J'ai dit que, outre les gaz et le liquide, il sortoit aussi du tube incandescent du soufre qui se solidifioit en refroidissant. Ce soufre a un aspect différent de celui qui a été simplement fondu; on sait que celui-ci, même refroidi rapidement, conserve dans sa cassure une tendance à former des aiguilles. Celui qui a passé sur le charbon affecte une disposition différente: il est lamelleux, léger, boursoufflé, d'une couleur jaune quelquefois dorée; nouvellement sorti de l'appareil, il a l'odeur du soufre hydrogéné, et

dans quelques circonstances il en est assez imprégné pour que, à la température de l'atmosphère, il puisse augmenter le volume de l'air.
Une chaleur douce suffit pour le faire entrer en
fusion et en dégager du gaz hydrogène sulfuré.
Je l'ai sublimé complettement en élevant suffisamment la température. Sa combustion à l'air
libre ne m'a point donné le résidu charbonneux
que MM. Clément et Desormes ont obtenu, et
qui les avoit déterminés à donner à ce soufre le
nom de *soufre carburé solide*. A la vérité, en
brûlant plusieurs gros morceaux de ce soufre
dans une capsule de porcelaine il est resté sur
le fond quelques petites taches irisées. Leur
épaisseur étoit si foible qu'elles ne formoient
pas une saillie sensible. Je n'ai pu les faire entrer en combustion en dirigeant sur elles la
flamme d'une bougie à l'aide du chalumeau ;
mais en les recouvrant d'une parcelle de potasse, elles se sont fondues en globules noi-
râtres. Je crois, d'après ces épreuves et quelques
autres, que ces taches étoient dues à de très-
petites quantités de sulfures formés par le fer et
le manganèse contenus dans le charbon, et peut-
être aussi dans le soufre en canons. Le soufre qui
reprend la forme solide, après avoir passé sur
le charbon incandescent, ne contient donc pas

non plus de carbone ; il est seulement modifié par l'hydrogène qu'il retient , et , si l'on jugeoit nécessaire dans quelques cas de le désigner par un nom particulier, le seul qui lui appartienne est celui de *soufre hydrogéné solide.*

Je me suis assuré que le soufre précipité dans la décomposition des sulfures hydrogénés par les acides retient de même de l'hydrogène, qu'une foible chaleur en dégage. Ainsi, dans cette opération, comme dans celle qui est l'objet de ce mémoire, on peut produire des combinaisons de soufre et d'hydrogène qui prendront , selon les circonstances , les formes gazeuse , liquide ou solide.

Cette observation confirme et semble completter l'analogie déja remarquée entre les combinaisons que l'hydrogène peut former , soit avec le soufre , soit avec le carbone. Cette ressemblance entre des résultats fournis par des agens de nature aussi différente, et la variété des états auxquels peuvent exister leurs nombreuses combinaisons, dépendent évidemment des dispositions qui sont généralement communiquées aux combinaisons par leurs élémens , et de l'influence qu'a celui qui domine (1). Plusieurs faits

_____

(1) Statique chim. tom. 1, chap. 4.

recueillis dans ces recherches offrent aussi des exemples frappans des modifications qu'apportent dans les résultats de l'action chimique les proportions des substances entre lesquelles elle s'exerce, la température et les autres causes qui concourent avec l'affinité à déterminer les combinaisons (1).

Pour faire connoître tous les résultats, je n'ai plus à parler que de l'état du charbon mis en expérience. Il ne porte aucun signe extérieur d'altération; les morceaux ont conservé leur forme et leur couleur. Il retient cependant du soufre qui doit être regardé comme engagé dans une combinaison; car j'ai prévenu que, pour éviter toute erreur, je maintenois, quelques minutes après qu'il ne passoit plus de soufre, le tube à la chaleur de l'incandescence, bien supérieure à celle qui est nécessaire pour volatiliser le soufre non combiné. On peut enlever ce soufre par les alcalis, ou en l'exposant au contact de l'air, à la chaleur nécessaire pour sa combustion. On voit alors une flamme bleue se former à la surface du charbon, qui devient lui-même incandescent, mais qui ne tarde pas

---

(1) Statiq. chim. sect. 5.

à s'éteindre quand le soufre est complettement brûlé. Le charbon ainsi dégagé de soufre est très-léger et très-friable ; il laisse sur le papier des traces du plus beau noir. Ce qui le caractérise le plus, c'est la difficulté qu'on éprouve à le brûler ; et elle est telle que, à moins qu'on ne dirige dessus un courant d'air rapide, il s'éteint promptement quoique posé tout embrâsé sur des charbons bien allumés.

Tout ce qui précède prouve que le charbon contient une grande quantité d'hydrogène qui lui est enlevée par le soufre à une haute température. Le volume de gaz hydrogène sulfuré recueilli porte même à croire que ce charbon est complettement dépouillé d'hydrogène. On prend bien plus de confiance encore dans l'efficacité de ce moyen lorsque, en soumettant à cette expérience du charbon tenu une heure à un feu de forge capable de ramollir les creusets de Hesse, et qui par là a perdu plus du quart de son poids, on voit que, à une température beaucoup inférieure, dès que le charbon a le contact du soufre, il se dégage abondamment de l'hydrogène sulfuré. Malgré la perte d'hydrogène que ce charbon a éprouvée, j'ai recueilli plus d'un litre de gaz hydrogène sulfuré d'un gramme de charbon, en ne poussant l'opéra-

tion que jusqu'au point où il auroit fallu élever
beaucoup la chaleur pour que le dégagement
de gaz continuât. Ce charbon n'étoit pas plus
altéré que celui dont j'ai déja parlé. Ainsi il faut
admettre qu'il y a de l'hydrogène dans le charbon qui a été soumis à l'effet de la plus vive
chaleur que nous puissions produire. La conséquence à laquelle on est ainsi conduit n'est
pas neuve, et Kirwan l'avoit déduite de faits
convaincans (1). On ne trouve donc, dans celui
que je rapporte, qu'un complément aux preuves
déja recueillies en faveur de cette opinion (2).

L'action que le soufre exerce sur l'hydrogène
combiné avec le charbon qui a éprouvé l'action
de la plus forte chaleur, paroissoit propre à
en faire connoître la proportion ; et l'on pouvoit espérer d'atteindre à une précision suffisante, malgré la difficulté d'évaluer la quantité
et les proportions de chacun des produits que
l'on obtient. Mais un obstacle bien plus puissant s'est présenté dans l'impossibilité de substi-
tuer des caractères certains aux indices vagues
dont je me suis contenté jusqu'à présent pour

----

(1) Trans. Phil. 1785.
(2) Statiq. chim. tom. 2, p. 41 ; et Mém. de l'Instit.
tom. 4.

marquer la fin de cette opération. En effet,
une chaleur supérieure à celle que j'ai prescrite
suffit pour qu'on n'apperçoive pas dans le cours
de l'expérience cette interruption dont je me
suis servi pour la partager en deux termes.
Lorsqu'on s'est conformé rigoureusement aux
conditions que j'ai regardées comme favorables
à la production du soufre hydrogéné, si l'on
élève la température, et si en même tems on
fait passer plus de soufre quand l'absorption de
l'air extérieur est sur le point de s'opérer dans
l'appareil, les gaz recommencent à se dégager.
L'opération entre ainsi dans sa seconde période,
dont la fin est annoncée par celle de la production du gaz. On ne retrouve plus alors de charbon dans le tube, et il doit être entré en totalité
dans les combinaisons qui se sont formées :
celles-ci sont tout-à-fait semblables à celles qu'on
obtient dans les opérations où dès le commencement on fait passer une trop grande quantité
de soufre. Dans ces deux cas on trouve à peine
quelques gouttes de soufre hydrogéné liquide.
Comme on a fait couler un grand excès de
soufre, il s'en solidifie beaucoup dans l'alonge
qui prend l'apparence décrite. L'eau du flacon et
celle du ballon sont devenues laiteuses et ont
dissous de l'hydrogène sulfuré. Le gaz en a

les principaux caractères : sa manière de brûler, son odeur, sa solubilité dans l'eau et les
propriétés qu'il lui communique, ne laissent
aucun doute sur l'existence de l'hydrogène
et du soufre dans ce gaz produit le plus abondant de cette expérience. Un gramme de charbon calciné m'en a donné de 4 à 5 litres, et
l'expérience prolongée jusqu'à l'entière destruction de ce corps a duré de 5 à 6 heures. On
voit donc qu'on ne peut être sûr d'avoir, par ce
procédé, du carbone parfaitement dégagé d'hydrogène.

En arrêtant l'opération avant que le dégagement du gaz cesse, les morceaux de charbon
portent, ainsi que l'ont observé MM. Clément
et Desormes, des marques non équivoques
d'érosion. Ce même charbon remis en expérience continuera encore à donner de ce gaz
dans lequel l'hydrogène et le soufre s'annoncent
si clairement. On ne peut soupçonner que
le charbon entre alors dans la composition
d'un liquide analogue au soufre hydrogéné ;
car la quantité de celui qui se forme, bor-
née à quelques gouttes, est insuffisante pour
rendre compte de tout le charbon qui a disparu, et d'ailleurs le plus fréquemment on ne
peut recueillir de liqueur. Le soufre qui a

repris la forme solide dans l'alonge est hydrogéné. La chaleur en dégage de l'hydrogène sulfuré ; mais je n'ai pu obtenir aucun indice de
charbon par sa sublimation et sa combustion.
Le charbon qui a été mis en expérience devoit
donc être recelé dans le gaz ; et en effet celui-ci,
mêlé avec de l'oxigène, a produit, par sa détonation au moyen de l'étincelle électrique, un
précipité abondant dans l'eau de chaux. Ainsi
l'hydrogène est combiné avec le soufre et le
carbone dans ce gaz, probablement semblable
à celui que MM. Clément et Desormes avoient
appelé *soufre carburé gazeux*. Ce gaz triple
n'est soluble qu'en partie dans l'eau ; il faut pour
le brûler complettement un volume d'oxigène
presqu'égal au sien, et il reçoit par la détonation une expansion telle que si on n'emploie
pas un tube qui excède en longueur au moins
quinze fois l'espace occupé par le gaz, il en sor-
tira infailliblement une partie dans ce moment.

On pourroit concevoir quelques doutes sur la
nature d'un précipité formé dans l'eau de chaux
par la combustion d'un gaz contenant du soufre,
à cause de la foible solubilité du sulfite de chaux :
elle est cependant assez grande pour qu'il ne se
sépare pas de ce sel toutes les fois que le volume
du gaz n'est qu'environ le cinquantième de celui

de l'eudiomètre où se fait la détonation. Mais, dans tous les cas, pour reconnoître plus sûrement le carbone qu'on recherche dans le gaz, on peut laisser déposer l'eau de chaux qui a été troublée, et redissoudre ensuite le précipité par l'acide sulfureux, qui indiquera par une effervescence s'il s'y trouve du carbonate de chaux.

Toutefois en considérant le volume du gaz recueilli et la faculté que j'ai reconnue au soufre de retenir de l'hydrogène à l'état solide, il n'étoit pas invraisemblable que le soufre employé dans ces expériences en eût fourni lui-même. Pour constater jusqu'à quel point cette conjecture étoit fondée, j'ai d'abord fait passer des morceaux de soufre en canons, à la chaleur du rouge blanc, à travers un tube de verre enduit de lut, auquel étoit soudé un tube propre à recueillir les gaz. J'ai eu de très-légers indices d'hydrogène sulfuré. Mais en faisant dans des cornues de grès des sulfures métalliques, j'en ai obtenu assez pour précipiter la dissolution de plomb et pour en enflammer à plusieurs reprises. Je n'avois négligé aucune des précautions nécessaires pour éloigner toutes les inexactitudes d'expériences dont je ne pouvois attendre qu'un produit peu abondant. Ainsi, après m'être assuré qu'il n'y avoit aucuns corps étrangers dans

les cornues , je les desséchois fortement au feu
avant de les employer. Je me suis servi tantôt
de lames de cuivre rosette , tenues quelque
tems au rouge dans un creuset, tantôt de clous
et de limaille de fer préparés exprès et rougis
de même dans un creuset, et enfin de mercure
que j'avois fait bouillir dans la cornue avant d'y
introduire le soufre. C'est avec ce dernier métal
que j'ai le plus facilement dégagé l'hydrogène
sulfuré. Le soufre ne pouvoit lui-même contenir
aucun corps capable d'induire en erreur , car je
m'étois assuré , avant de l'employer , que la
distillation n'en dégageoit aucun gaz. Priestley (1)
avoit remarqué , qu'en faisant passer de l'eau en
vapeur sur du soufre tenu en fusion dans un
tube de grès, il se dégageoit un air inflammable
qu'il attribuoit à la même cause que celui qu'il
obtenoit avec le fer. En répétant cette expérience , j'ai recueilli de l'hydrogène sulfuré ;
mais en même tems je me suis convaincu que
l'eau n'avoit pas été décomposée, car le muriate
de barite n'a point dénoté d'acide sulfurique
dans l'eau à travers laquelle le gaz avoit passé ;

_____

(1) Observ. sur différentes branches de la physique ,
tom. 4, p. 161.

et il est évident qu'il n'a pu se former d'acide sulfureux, puisque ce gaz et l'hydrogène sulfuré se décomposent dès qu'ils sont en contact. L'hydrogène sulfuré ue provenoit donc que du soufre et la vapeur d'eau servoit à l'en dégager de la même manière qu'elle favorise la décomposition des carbonates de chaux et de barite par la chaleur.

On ne peut douter d'après cela qu'il n'y ait de l'hydrogène dans le soufre. Cet hydrogène a dû contribuer pour plus qu'on ne le concluroit de ces dernières expériences seulement au volume des gaz dégagés lorsque le soufre, porté en grande quantité sur le charbon, le volatilise à l'aide d'une haute température. Le gaz qui se développe alors est dû à l'action réciproque du soufre et du charbon, et à celle qu'ils exercent l'un et l'autre sur l'hydrogène combiné dans chacun deux : mais la quantité de soufre qui devient nécessaire pour que cette combinaison se forme, autorise à conclure, en supposant que le charbon contienne encore de l'hydrogène, que c'est néanmoins le soufre qui en donne la plus grande partie.

RÉSULTATS.

1º. Le charbon , à quelque température qu'il ait été exposé, retient de l'hydrogène.

2º. Le soufre agit à la température rouge sur l'hydrogène contenu dans le charbon ; il forme avec lui des combinaisons dont les proportions varient , et qui , selon les circonstances , prennent la forme de fluides élastiques , de liquides ou de solides. Cette même variété d'états se retrouve dans les combinaisons d'hydrogène et de soufre qui se produisent par la décomposition des sulfures hydrogènes alcalins.

3º. Le charbon en grande partie privé d'hydrogène forme avec le soufre un composé solide dans lequel celui-ci entre en petite quantité et qui conserve l'apparence du charbon.

4º. Le soufre en canons contient de l'hydrogène.

5º. A une haute température il se forme par l'action réciproque du soufre , du carbone et de l'hydrogène un gaz inflammable composé de ces trois substances.

NOTE.

Lorsque je présentai ces recherches à la classe des sciences physiques et mathématiques de l'Institut, M. Vauquelin annonça qu'il s'étoit occupé du même objet, et l'on n'apprendra pas sans regret, que la publication de mon travail a privé la science de celui que préparoit ce célèbre chimiste. Il s'étoit déja convaincu que la liqueur sur laquelle M. Lampadius et MM. Clément et Desormes avoient successivement porté leur attention, ne contient pas de carbone, et qu'elle n'est qu'un soufre hydrogéné. La dissolution de cette liqueur dans l'alcool lui en avoit fourni une preuve frappante, en ce que, par l'addition de l'eau, elle laisse précipiter du soufre pur. D'autres expériences, en lui faisant connoître plusieurs propriétés intéressantes du soufre hydrogéné, confirmoient cet indice. Je n'en pourrois donner ici qu'un résumé très-succinct, et je me borne à renvoyer à l'article des Annales de chimie (1), où M. Robiquet, qui a eu l'avantage de seconder M. Vauquelin, les a décrites.

(1) *Voy.* Ann. de chim. tom 61, p. 140.

Loin de chercher à donner aux conséquences que j'ai tirées de mes observations toute l'extension dont elles sont susceptibles, je me suis attaché à les présenter telles qu'elles dérivent immédiatement des faits. On pressent aisément combien ceux-ci influent sur les relations que l'on a établies entre le diamant et le carbone. Ils jettent aussi beaucoup d'incertitude sur les proportions de l'acide carbonique, qui entrent comme données dans toutes les évaluations relatives à la respiration et à la chaleur des animaux, au développement et à la nutrition des végétaux, ainsi que dans le plus grand nombre des analyses de matières végétales ou animales.

Des motifs moins puissans m'auroient déterminé à poursuivre ces recherches, que je regarde comme ne devant pas être infructueuses, avec d'autant plus de confiance que, quand elles ne satisferoient pas entièrement à ces vues capitales, je puis espérer qu'elles donneroient au moins plus de certitude à quelques-uns de mes résultats, qui, je ne me le dissimule pas, n'ont point encore toute la précision desirable.

NOTE SUR L'ALTÉRATION

QUE L'AIR ET L'EAU

PRODUISENT DANS LA CHAIR.

Par M. C. L. Berthollet.

J'ai fait bouillir de la chair de bœuf en renouvellant l'eau, jusqu'à ce que cette eau ne donnât plus de précipitation avec le tannin ; alors je l'ai suspendue dans un cylindre de verre rempli d'air atmosphérique, et que j'ai posé sur une assiette remplie d'eau : après quelques jours l'oxigène s'est trouvé changé en acide carbonique ; l'intérieur du cylindre étoit infecté d'un odeur putride ; la chair soumise à l'ébullition a donné de nouveau une précipitation assez abondante avec le tannin : on a réitéré l'ébullition jusqu'à ce que l'eau ne fût plus troublée par le tannin : alors la chair avoit perdu presque entièrement son odeur ; on l'a remise dans le même appareil.

On a répété plusieurs fois l'opération ; en voici les résultats.

L'altération de l'air atmosphérique et le dégagement de l'odeur putride se sont rallentis de plus en plus : la quantité de gélatine qui se formoit est devenue progressivement plus petite : l'eau sur laquelle reposoit le vase n'a donné dans tout le procédé que de foibles indices d'ammoniaque : lorsque j'ai terminé, on n'appercevoit plus d'odeur putride ; mais une odeur semblable à celle du fromage, et en effet la substance animale qui ne conservoit presque plus aucune apparence fibreuse, avoit non-seulement l'odeur, mais exactement la saveur d'un vieux fromage.

J'ai distillé séparément, poids égaux de chair de bœuf et de fromage de Gruyère, en me servant de deux ballons, qui communiquoient chacun avec un tube qui plongeoit dans l'eau : l'opération a été conduite de manière à décomposer, autant qu'il étoit possible, les deux substances, et à retenir toute l'ammoniaque qui se dégageoit : j'ai comparé les quantités d'ammoniaque ; celle qu'a fournie le fromage a été à celle de la chair, à-peu-près dans le rapport de 19 à 24 ; d'où il paroît qu'un caractère distinctif de la substance caséeuse est de contenir moins d'azote que la chair.

S'il est permis de tirer quelque induction d'essais aussi incomplets que les précédens, il paroît:

1°. Que la gélatine que l'on peut obtenir d'une substance animale n'y est pas toute formée, mais que lorsque cette substance a été épuisée par l'action de l'eau, il peut s'en former de nouveau par l'action de l'air dont l'oxigène se combine avec le carbone, pendant qu'une portion de substance auparavant solide devient gélatineuse, comme une partie végétale solide devient soluble par l'action de l'air.

Il faut cependant remarquer que la propriété de précipiter avec le tannin appartient à des substances qui ont d'ailleurs des propriétés très-différentes : j'ai éprouvé que la décoction du fromage de Gruyère formoit un précipité abondant avec le tannin.

2°. Que l'azote entre dans la composition du gaz putride en formant sans doute avec l'hydrogène une combinaison d'un équilibre moins stable que l'ammoniaque, ou peut-être en prenant un intermédiaire ; mais lorsque sa proportion est diminuée à un certain point, il est plus fortement retenu par la substance, il cesse de produire du gaz putride. Cette substance, que l'odeur putride caractérise, paroît être plutôt

une combinaison très-évaporable qui s'allie à
tous les gaz, comme les autres vapeurs élastiques, qu'un gaz permanent.

3°. Puisque la partie caséeuse a moins d'azote
que la plupart des autres substances animales,
on peut conjecturer que pendant la vie cette
partie s'animalise de plus en plus en acquérant
une plus grande proportion d'azote et d'hydrogène ; ce qui peut s'expliquer par la combinaison plus intime de l'oxigène et de l'hydrogène
qui entrent dans sa composition et par une séparation du carbone par l'acte de la respiration,
en sorte que le dernier terme de l'action chimique pendant la vie, ait l'urée pour produit,
selon l'opinion de M. Fourcroy (1).

_____

(1) Syst. des conn. chim. tom. 10, p. 165.

DEUXIÈME

MÉMOIRE

SUR L'ÉTHER MURIATIQUE.

Par M. Thenard.

Dans mon premier mémoire sur l'éther muriatique, j'ai annoncé en le terminant, que j'allois m'occuper de recherches sur la nature de cet éther, et sur le mode de combinaison que ses élémens affectent.

J'ai même indiqué dans ce mémoire la marche que je suivrois dans ces recherches. Mais elles exigeoient trop d'expériences, et quelques-unes de ces expériences exigeoient sur-tout trop de tems, pour qu'elles pussent être promptement achevées. Aussi, quoique j'y aie consacré tous les jours plusieurs heures depuis plus de trois mois, suis-je loin de croire qu'on ne puisse rien ajouter aux résultats que je vais avoir l'honneur de communiquer à la classe.

I.

Une des parties essentielles de ces recherches,
c'étoit de déterminer la quantité d'acide muriatique qui par lui-même ou ses élémens, entre
dans la composition de l'éther muriatique. Pour
cela, j'employai de préférence le moyen que je
vais décrire. Je mis ensemble dans une cornue
que je plaçai à feu nu sur un fourneau, 534 gr.
76 d'acide muriatique, et un volume d'alcool, égal à celui de cette quantité d'acide,
l'acide pesoit 1195, et l'alcool 825 à 8°, thermomètre centig. Au col de la cornue étoit
adapté un tube plongeant au fond d'un flacon
tubulé, dont la capacité étoit de trois litres, et
qui contenoit deux litres d'eau; et de ce flacon
partoit un autre tube qui venoit se rendre dans
une terrine, sous des flacons ordinaires renversés, pleins d'eau et soutenus par un têt troué
dans son milieu; je me servis toujours de la
même eau pour recevoir les gaz, et cette eau représentoit un volume de deux litres vingt-huit
centilitres. L'appareil étant ainsi disposé,
j'échauffai peu-à-peu la cornue, et bientôt le gaz
éthéré se produisit. L'expérience dura huit
heures. Pendant tout ce tems, la pression fut
sensiblement de 0.76^m., et la température de
20°. centigr. Je recueillis tous les gaz, même
l'air des vaisseaux dont je tins compte, et j'ob-

tins 38 lit. 14 de gaz éthéré, y compris celui que l'eau de l'appareil avoit pu dissoudre, et celui qui remplissoit la partie de cet appareil vide d'eau. Estimant ensuite la quantité d'acide muriatique qui avoit disparu par la quantité d'alcali qu'il falloit pour saturer cet acide avant et après l'expérience, je trouvai qu'elle équivaloit à 176 gr. 21. Or, ces 176 gr. 21 d'acide, étoient susceptibles de neutraliser 100 gr. 78 de potasse bien pure et bien privée d'eau, et d'en former 131 gr. 018 de muriate de potasse fondu; donc les 38 lit. 14 de gaz éthéré qu'on a obtenus dans la distillation de 534 gr. 76 d'acide muriatique et d'un volume égal d'alcool, sous la pression de 0^m. 76, et à 20° thermomètre centigr..., contiennent 30 gr. 24 d'acide sec. Mais à la pression de 0^m. 75, et à la température de 18°. centigr., le gaz éthéré pèse 2.219, l'air pesant 1; par conséquent ces 38 lit. 14 de gaz éthéré, pèsent 102 gr. 722, et sont formés de

	Grammes
Acide......................	30.240
Oxigène, hydrogène, carbone..	72.482

Par conséquent aussi le gaz éthéré est un corps qui contient plus d'acide muriatique que le muriate de potasse; car 130 parties de muriate

de potasse fondu n'en contiennent que 3o au
plus, ainsi que je m'en suis assuré par trois
expériences dont les résultats ont été absolument les mêmes.

Lorsque la quantité d'acide muriatique qui
entre d'une manière quelconque dans la composition du gaz éthéré fut déterminée, je m'oc-
cupai de la détermination des quantités de carbone, d'oxigène et d'hydrogène qui entrent aussi
dans la composition de ce gaz. Cette détermination fut faite dans un eudiomètre à mercure, au
moyen de l'oxigène ; mais il faut pour que l'expérience réussisse et ne soit pas dangereuse,
que l'eudiomètre soit construit d'une manière
particulière. Un eudiomètre dont la hauteur
étoit de $0^m.18$, le diamètre intérieur de
$0^m.03$, et l'épaisseur des parois de $0^m.0045$,
n'a pu résister à un mélange de o lit. oo13 de
gaz éthéré, et de o lit. oo4o d'oxigène. Trois
fois j'ai répété l'expérience, et trois fois l'instrument a été réduit dans sa partie supérieure presqu'en poussière. Alors, je pris le parti de le faire
extérieurement doubler en cuivre. La partie par
laquelle devoit passer l'étincelle électrique étoit
la seule qui ne le fut pas, et tout autour du con-
ducteur étoit du mastic bien appliqué.

De plus, l'ouverture, c'est-à-dire, la partie

inférieure , pouvoit en être fermée exactement
au moyen d'un bouchon de fer à vis. Je prévins
avec ces précautions tout accident, et l'expérience eut tout le succès que je pouvois desirer.
En voici les données et les résultats.

Thermomètre centigrade....... 18°.88.
Baromètre.................... 0ᵐ.767.

Iʳᵉ. *Expérience.*

	Parties.
Gaz oxigène....................	215.0
Gaz éthéré....................	66.0
Gaz acide carbonique obtenu....	135.5
Gaz oxigène excédant..........	4.0

IIᵉ. *Expérience.*

Gaz oxigène....................	228.0
Gaz éthéré....................	66.0
Gaz acide carbonique obtenu.....	136.5
Gaz oxigène excédant..........	17.0

IIIᵉ. *Expérience.*

Gaz oxigène....................	228.4
Gaz éthéré	66.0
Gaz acide carbonique obtenu	135.5
Gaz oxigène excédant..........	18.0

IVᵉ. *Expérience.*

	Parties.
Gaz oxigène	226.0
Gaz éthéré	66.0
Gaz acide carbonique obtenu	135.5
Gaz oxigène excédant	15.0

La moyenne de ces quatre expériences est

	Parties.
Gaz oxigène	224.35
Gaz éthéré	66.0
Gaz acide carbonique obtenu.	135.75
Gaz oxigène excédant	13.5

Quantités qui, à la température de 18°. centigr., et sous la pression de 0ᵐ.75, deviennent

	Parties.
Gaz oxigène	228.69
Gaz éthéré	67.2785
Gaz acide carbonique	138.379
Gaz oxigène excédant	

Mais comme 108 parties de notre mesure = 0 lit. 02, et qu'à 18° du thermomètre centigrade, et à 0ᵐ.75 de pression

	Grammes.
Un litre d'oxigène	= 1.3236
Un litre d'acide carbonique	1.8226
Un litre de gaz éthéré	2.6592

Il s'ensuit que les quantités d'oxigène, de gaz éthéré, etc., précédentes, savoir :

	Litres.		Grammes.
Gaz oxigène... 228.69	0.04235		0.05605446
Gaz éthéré.... 67.2785	0.012459		0.03313097
Gaz acide carb. 138.579	0.02562		0.04669501
Gaz oxigène excédant....	....		0.003383

D'où l'on tire que o gr. 0331309728 de gaz éthéré sont composés de

	Grammes.
Acide muriatique......	0.00975
Carbone..............	0.0121312256
Oxigène..............	0.0077224672
Hydrogène...........	0.00352728
TOTAL	0.0331309728

et que 141 gr. 72 d'éther muriatique contiennent

	Grammes.
Acide muriatique......	41.72
Carbone..............	51.89
Oxigène..............	35.03
Hydrogène...........	15.08
	141.72

Ces résultats sont calculés, en supposant avec MM. Gay-Lussac, Humboldt et Saussure, que 100 parties d'eau sont formées de 88 d'oxigène et de 12 d'hydrogène, et avec M. Saussure, que 100 parties d'acide carbonique le sont de 74 d'oxigène et de 26 de carbone. Je préviens aussi que dans cette analyse, je n'ai point tenu compte de la vapeur d'eau que contenoit soit le gaz oxigène etc. que j'ai employé. Enfin, je préviens que j'ai analysé comparativement du gaz éthéré qui n'avoit point été liquéfié, et que j'avois reçu dans l'eau; et du gaz éthéré que j'avois d'abord liquéfié et rendu ensuite à son premier état, en le faisant passer ainsi liquide dans des cloches pleines de mercure à 18° cent.; et que dans les deux cas, j'ai obtenu des résultats identiques.

Maintenant que nous connoissons les élémens et la proportion des élémens de l'éther muriatique, nous allons essayer de déterminer ce qui se passe dans sa formation.

Voyons d'abord si c'est l'alcool, ou si c'est seulement une portion des principes de l'alcool qui, en se combinant d'une manière quelconque avec l'acide muriatique, forme cet éther.

Il est évident que s'il étoit possible d'en extraire de l'alcool par les alcalis, la question seroit résolue. Mais ce moyen, comme on le verra bientôt, a été employé jusqu'ici sans succès; il faut donc avoir recours à un autre.

Or, lorsqu'on distille un mélange d'acide

muriatique et d'acool, on n'obtient point de
gaz, autre que le gaz éthéré ; et à quelque
époque qu'on arrête la distillation, on ne trouve
dans la cornue ou le récipient, que de l'eau,
de l'acide et de l'alcool ; de deux kilogrammes
de mélange, à peine obtient-on un résidu noirâtre appréciable en poussant la distillation
jusqu'à siccité. Ainsi tout le charbon de l'alcool entre dans la composition de l'éther muriatique, et si tout l'hydrogène et tout l'oxigène
qu'il contient n'y entrent pas, c'est qu'il y a formation d'eau dans l'opération. On est tenté de
croire à cette formation, lorsqu'on considère
que M. de Saussure a trouvé dans 100 parties
d'alcool 43,65 de charbon, 37,85 d'oxigène,
14,94 d'hydrogène, 3,52 d'azote, et que j'ai
trouvé dans 141,72 parties d'éther muriatique,
41,72 parties d'acide muriatique, 51,89 part.
de carbone, 33,03 parties d'oxigène, 15,08
d'hydrogène : mais il est permis d'en douter,
lorsqu'on observe que l'alcool le plus rectifié
contient probablement encore une certaine
quantité d'eau. A la vérité M. de Saussure admet
quelques centièmes d'azote dans l'alcool, et moi
je n'en ai pas trouvé dans l'éther muriatique;
mais ne seroit-il pas possible que dans la combustion du gaz éthéré, l'azote qui selon M. de

Saussure existe dans l'alcool, fût converti en acide nitrique. Ce point de théorie exige donc de nouvelles recherches ; tout bien considéré néanmoins, je suis porté à croire que l'alcool ou ses élémens désunis entrent dans la composition de l'éther muriatique.

Il est une autre question bien plus difficile encore à résoudre que la précédente. C'est de savoir de quelle manière les élémens sont combinés dans l'éther muriatique ; l'hydrogène, l'oxigène et le carbone y sont-ils désunis ou réunis ; ou bien en supposant qu'ils y soient dans la proportion nécessaire pour faire de l'alcool, y sont-ils à l'état d'alcool ; et en supposant que l'acide muriatique soit un être composé, s'y trouve-t-il tout formé ou bien décomposé? Avant de choisir entre ces deux hypothèses, examinons avec soin tous les phénomènes que nous présente l'éther muriatique, et notons avec la même attention ceux qui sont en faveur de l'une et ceux qui sont en faveur de l'autre.

On se rappelle que la propriété la plus remarquable de l'éther muriatique, c'est de ne point rougir la teinture de tournesol, de ne point précipiter par la dissolution d'argent, de ne point être décomposé par les alcalis, du moins dans un très-court espace de tems, et cependant de donner lorsqu'on le brûle, une si grande quantité d'acide muriatique que cet acide paroît sous la forme de vapeurs, et précipite en masse le nitrate d'argent concentré. Mais lorsque j'eus l'honneur de présenter ces résultats à l'Institut, je n'avois pas pu faire entrer dans mes expériences le tems comme un élément; depuis je les ai répétées, et j'y en ai ajouté beaucoup d'autres en les soumettant toutes à cette circonstance qui peut influer; car ce qui n'a pas lieu au bout de deux heures, est quelquefois produit au bout de six. Les résultats, en effet, ont différé de ceux que j'avois obtenus d'abord; je vais les rapporter dans le tableau suivant. Presque toutes les expériences qu'il comprend, ont été commencées le 21 février et terminées le 19 mai, à une température variable depuis trois jusqu'à vingt et quelques degrés centigrades.

Ire. *Série d'expériences.*

1re. Éther liquide et gazeux avec potasse caustique solide et pure, point d'action.

2e. Éther dissous dans l'eau et potasse; la potasse en se dissolvant dans l'eau, a élevé la température, et presque tout l'éther s'est dégagé.

IIᵉ. *Série.*

1ᵉʳᵉ. Éther gazeux et dissolution de potasse caustique, l'action a été lente ; au bout de trois mois le flacon sentoit le gaz éthéré aussi fortement que s'il en eût été rempli : cependant la potasse contenoit assez d'acide muriatique pour donner quelques flocons de muriate d'argent, par l'acide nitrique et le nitrate d'argent.

2ᵉ. Éther liquide 10 grammes, et dissolution concentrée de potasse pure 60 grammes, action lente ; au bout d'une heure, le nitrate d'argent n'indiquoit point d'acide muriatique dans la dissolution ; au bout d'un jour, il y en indiquoit des traces ; au bout de trois mois, il y en avoit 4 décigrammes. L'éther n'avoit pas sensiblement diminué, et la dissolution de potasse étoit toujours très-forte et très-âcre. On n'a retiré que de l'eau en distillant cette dissolution ; pendant les quinze premiers jours seulement, le flacon a été agité de tems en tems pour mêler la potasse avec l'éther.

IIIᵉ. *Série.*

1ᵉʳᵉ. Éther gazeux et dissolution de nitrate d'argent, d'abord point de précipité ; il commença à paroître environ une heure après le contact ; il alla en croissant ; au bout de trois mois néanmoins, il étoit très-foible, le gaz du flacon étoit toujours très-éthéré , la dissolution d'argent contenoit toujours beaucoup de nitrate d'argent.

2e. Éther liquide et nitrate d'argent ; même résultat que dans l'expérience précédente.

3e. Éther dissous dans l'eau et nitrate d'argent ; point de précipité d'abord ; il ne se forma que longtems après le contact ; au bout de trois mois la dissolution contenoit toujours beaucoup d'éther et de nitrate d'argent.

IVe. *Série.*

Éther gazeux, liquide et dissous dans l'eau, et nitrate de mercure peu oxidé. Les résultats de cette série sont à-peu-près les mêmes que ceux de la précédente.

Ve. *Série.*

Éther liquide et acide sulfurique concentré , point d'action. Éther gazeux et acide sulfurique concentré , point d'action. Éther dissous dans l'eau , et acide sulfurique concentré ; chaleur, dégagement de l'éther, point de développement d'acide muriatique.

VIe. *Série.*

Éther liquide et gazeux, et acide nitrique pur et concentré, point d'action.

VIIe. *Série.*

Éther liquide et gazeux, et acide nitreux liquide, point d'action. Si au lieu de faire ces expériences à la température ordinaire, on y procède en faisant passer le gaz éthéré à travers les acides sulfurique, et nitrique, bouillans ou presque bouillans, l'éther est sur-le-champ décomposé, et il s'en sépare beaucoup d'acide muriatique.

VIIIe. *Série.*

Gaz acide muriatique oxigéné et éther liquide. Action vive, décoloration et décomposition de l'acide et de l'éther ; production d'une assez forte chaleur ; mise à nu d'une grande quantité d'acide muriatique.

Outre ces diverses épreuves que j'ai fait subir à l'éther muriatique, je l'ai encore traité par la potasse, par l'ammoniaque de différentes manières.

Ire. *Expérience.*

J'ai fait passer pendant quinze heures du gaz éthéré à travers 160 grammes de dissolution de potasse très-caustique, portée successivement depuis 20° de température, jusqu'à environ 80° du thermomètre centigr. ; le gaz est sorti de cette dissolution sans avoir éprouvé d'altérations apparentes, même dans son volume. A mesure qu'une bulle y pénétroit, une autre s'en dégageoit, et celle-ci sembloit tout aussi éthérée que celle-là. On n'a trouvé que la valeur de 4 décigrammes au plus d'acide muriatique sec dans la potasse, point d'alcool ; il ne s'est rassemblé que quelques gouttes d'eau pure dans un flacon qui suivoit celui dans lequel étoit cet alcali.

IIe. *Expérience.*

J'ai fait dissoudre dans 60 grammes d'alcool à environ 800 de pesanteur spécifique, autant de potasse pure que possible ; j'y ai ensuite versé près de 15 grammes d'éther liquide, ils s'y sont parfaitement dissous. La dissolution a

été abandonnée à elle-même pendant huit jours,
à une température de 14 à 25° thermomètre
centigr. ; au bout d'une heure, il n'y avoit
point d'acide développé ; au bout de deux
heures, il y en avoit des traces ; au bout d'un
jour, on appercevoit un petit dépôt de muriate
de potasse au fond de la liqueur ; ce dépôt
s'est accru de jour en jour, en sorte qu'au bout
des huit jours, il étoit assez considérable ; néanmoins au bout de ce tems, la dissolution contenoit tant de potasse qu'elle brûloit la langue,
et tant d'éther qu'il suffisoit d'y verser de l'eau
pour qu'il s'en dégageât sous la forme de grosses
et nombreuses bulles.

IIIᵉ. *Expérience.*

J'ai mis tout près de deux litres de gaz éthéré
en contact avec 60 grammes d'ammoniaque liquide et concentrée ; d'abord il y a eu une
légère dilatation ; au bout d'une heure, il n'y
avoit pas sensiblement d'acide muriatique développé ; au bout d'un jour, l'acide muriatique
étoit très-sensible au nitrate d'argent ; au bout
de quatre jours qu'a duré l'expérience, il y a
eu une très-légère absorption ; la liqueur saturée par l'acide nitrique a précipité de suite

en flocons par le nitrate d'argent : le muriate
d'argent formé représentoit 2 décigrammes d'a-
cide muriatique. Le gaz restant lavé dans de
l'eau pour en séparer l'ammoniaque, étoit très-
éthéré et très-abondant.

IVe. *Expérience.*

Dans cette expérience, au lieu de me servir
de gaz éthéré, je me suis servi d'éther liquide
et d'ammoniaque liquide : j'ai employé 12 gram.
d'éther et 30 gram. d'ammoniaque ; je les ai
agités de tems en tems et les ai laissés en contact pendant quatre jours ; au bout de ce tems,
il y avoit toujours beaucoup d'ammoniaque et
d'éther formant deux couches séparées. J'en ai
retiré 4 décigrammes d'acide muriatique , point
d'alcool.

Ve. *Expérience.*

J'ai mêlé ensemble sur le mercure à volume
égal du gaz éthéré et du gaz ammoniaque ; ils
n'ont point formé de vapeurs ; au bout de quatre
jours, le mélange n'avoit pas sensiblement diminué de volume, et contenoit beaucoup d'ammoniaque, beaucoup d'éther et très-peu d'acide
muriatique.

VIe. *Expérience.*

J'ai fait voir dans mon premier Mémoire sur l'éther muriatique, que lorsqu'on fait passer le gaz éthéré dans un tube de verre rouge cerise, il ne se dépose point ou presque point de charbon ; qu'il se développe beaucoup d'acide muriatique, et autant précisément qu'il en disparoît dans la formation de l'éther, et qu'il se dégage beaucoup d'un fluide élastique sentant l'empyreume, brûlant difficilement, très-lourd, et contenant à coup sûr beaucoup de charbon. J'ai voulu savoir quels seroient les résultats de cette expérience à une chaleur bien supérieure au rouge cerise ; mais de quelque manière que je m'y sois pris, elle n'a jamais pu complettement réussir : elle donne lieu à un si grand dépôt de charbon dans les tubes, que quelquefois ils en sont obstrués presqu'aussitôt qu'on l'a commencée, et alors une forte détonation est produite : je l'ai tentée sans succès dans un tube de porcelaine : avec un tube de cuivre d'environ 0^m. 025 de diamètre intérieur, dont l'extrémité étoit recourbée et plongeoit directement dans l'eau, elle a d'abord eu quelque apparence de succès ; mais enfin la détonation fût produite et la cornue brisée en une multitude de fragmens. On pourroit éviter cette détonation en adaptant un tube à la tubulure de la cornue. Tout ce que j'ai pu observer, c'est qu'il y a beaucoup d'acide muriatique développé, et que les gaz qui en proviennent, au lieu d'être très-lourds, comme lorsqu'on fait l'expérience à la chaleur rouge cerise, sont au contraire très-légers et brûlent facilement; ce qui doit être en effet, puisqu'il y a beaucoup de charbon déposé.

Il résulte donc de toutes ces expériences :

1re. Que 141 part. 72 d'éther muriatique sont formées de

	Parties.
Acide muriatique sec........	41.72
Carbone..................	51.89
Oxigène..................	33.03
Hydrogène................	15.08
	141.72

2e. Que l'alcool et l'acide muriatique distillés ensemble ne forment point de gaz autre que le gaz éthéré, et ne laissent aucun résidu appréciable.

3e. Qu'il est probable que l'éther muriatique est composé d'acide muriatique et d'alcool, ou de leurs élémens.

4ᵉ. Que la potasse , l'ammoniaque , le nitrate d'argent , le nitrate de mercure, n'indiquent point tout de suite la présence de l'acide
muriatique dans l'éther ; qu'ils ne l'y indiquent
qu'avec le tems , et de jour en jour , d'une manière plus marquée , à dater de l'époque où le
contact a eu lieu , lors même qu'il est intime et
le même à chaque instant.

5ᵉ. Que les acides sulfurique , nitrique et
nitreux concentrés n'ont , à la température ordinaire , aucune espèce d'action sur l'éther.

6ᵉ. Que ces acides à une haute température ,
et que le gaz acide muriatique oxigéné à la température ordinaire en opèrent très-bien la décomposition , et en séparent une grande quantité
d'acide muriatique.

7ᵉ. Enfin , que la chaleur rouge est susceptible de produire cette décomposition d'éther en
en séparant aussi beaucoup d'acide muriatique.

Que conclure de toutes ces expériences ? Ré-
solvent-elles la question de savoir de quelle
manière sont combinés les élémens de l'éther
muriatique ? Je ne le crois pas : car si l'on en
peut citer quelques-unes en faveur de la non-
désunion des principes dans l'éther muriatique,
on en peut citer de fortes en faveur de l'opinion
contraire ; et en effet , 1°. si , comme quelques

personnes ne craignent point de l'affirmer, l'é-
ther muriatique étoit une combinaison d'acide
muriatique et d'alcool, il semble que ces deux
corps devroient s'unir à la manière des acides
et des alcalis, et par conséquent se neutraliser
aussitôt qu'ils seroient en contact, puisqu'ils
seroient censés avoir plus d'affinité l'un pour
l'autre, que l'acide muriatique même n'en a pour
la potasse, et, à plus forte raison, pour la plupart des autres bases salifiables ; cependant on
sait qu'ils ne se combinent que difficilement, et
qu'ils ne se neutralisent que peu-à-peu et au
moyen d'une légère chaleur. 2°. Lorsqu'on
traite la dissolution aqueuse d'éther par la potasse ou par le nitrate d'argent, lorsqu'on mêle
ensemble du gaz ammoniaque et du gaz éthéré,
lorsqu'on dissout de l'éther dans de l'alcool de
potasse, la décomposition de l'éther, toujours
dans la supposition où il seroit formé d'alcool
et d'acide muriatique, devroit s'opérer tout de
suite ou en très-peu de tems, puisque le contact
est immédiat et le même à chaque instant ;
pourtant elle n'a lieu qu'avec beaucoup de tems,
et seulement de jour en jour elle devient plus
sensible. Ces deux difficultés n'existent point dans
l'autre manière de voir, et voici comme on peut
le concevoir. L'alcool devant être réduit en ses

principes constituans avant de se combiner avec
l'acide muriatique, si c'est un être simple, ou les
élémens de cet acide, si c'est un être composé,
il en résulte un ralentissement dans l'action de
ces deux corps l'un sur l'autre; et de même aussi et
par une raison analogue, une fois que la combinaison est formée, on ne peut la rompre que peu-
à-peu et avec beaucoup de tems, soit par les
alcalis, soit par le nitrate d'argent, parce qu'il doit
y avoir entre les molécules un autre arrangement
que celui qui existe actuellement. Au reste, on
observe un assez grand nombre de phénomènes
semblables dans les matières végétales et animales
qu'on traite par les alcalis, par les acides, etc.;
presque toujours dans tous ces traitemens, l'action est plus ou moins lente, comme dans le cas
que nous considérons.

NOUVELLES OBSERVATIONS

SUR L'ÉTHER NITRIQUE.

Par M. Thenard.

Ire. *Expérience*.

J'ai fait passer du gaz éthéré nitrique, c'est-à-dire, le gaz qui se forme en si grande quantité dans la préparation de l'éther nitrique, à travers trois flacons contenant chacun environ 3 kilogr. d'eau, pour le bien laver; j'en ai recueilli onze litres que j'ai mis en contact avec une dissolution de potasse caustique. De tems en tems j'ai agité les flacons pour mêler la potasse avec les gaz. Au bout de trente-six heures, la décomposition fut complettement opérée; j'ai analysé la liqueur et j'en ai retiré de l'alcool, de l'acide nitrique en partie nitreux, et de l'acide acétique. Après l'expérience, les gaz contenoient beaucoup plus de gaz nitreux qu'avant.

IIe. *Expérience.*

Lorsqu'on traite de l'éther nitrique par une dissolution de potasse très-étendue d'eau, on obtient les résultats précédens ; mais en même tems il se dégage une assez grande quantité de gaz qui sont très-éthérés, et qui contiennent plus ou moins de gaz nitreux. Si la potasse est concentrée, la décomposition ne se fait pas bien. L'eau seule, comme je l'ai déja fait voir, produit très-bien la décomposition de l'éther nitrique, et donne lieu aux mêmes phénomènes que la dissolution de potasse étendue d'eau.

IIIe. *Expérience.*

J'ai dissous 15 gram. d'éther nitrique dans l'alcool de potasse, et j'ai abandonné la dissolution à elle-même dans un flacon bien bouché et qui en étoit presqu'entièrement rempli ; d'abord il s'est formé de l'acétate de potasse, et ensuite et peu-à-peu du nitrite de potasse qui, à mesure qu'il se formoit, se déposoit ; au bout d'un jour, on voyoit quelques cristaux de nitrite ; au bout de huit jours, il y en avoit un grand nombre.

Ainsi en supposant que, de l'éther nitrique on ne puisse point retirer d'autres matières que de l'acide nitreux, de l'acide acétique et de l'alcool ; en supposant que, comme cela est possible, il n'y ait point formation d'eau dans la formation de l'éther muriatique ; et puisque d'ailleurs on transforme facilement l'éther acétique en alcool et acide acétique, il s'ensuit que les éthers muriatique, nitrique et acétique sont formés de ces acides et d'alcool, ou des principes de ces acides et des principes de l'alcool. Peut-être que l'acide acétique qu'on retire de l'éther nitrique, y forme avec de l'alcool de l'éther acétique.

Ayant éprouvé une perte assez considérable dans l'analyse de l'éther nitrique, que j'ai rapportée plus haut dans mon Mémoire sur l'éther nitrique ; j'ai voulu répéter cette analyse en y apportant, s'il m'étoit possible, plus de soin que je n'en avois mis à la faire en premier lieu. Au moyen de trois rectifications ou distillations successives, je suis parvenu à me procurer de l'éther qui bouilloit à 21° thermomètre centigrade, et 0^m. 758 ; ainsi il étoit encore plus pur que celui dont la tension a été déterminée à Arcueil (pag. 91). C'est de cet éther ainsi rectifié que je me suis servi dans ma seconde analyse. J'employai absolument le même appareil que dans la première opération (pag. 92). Seulement je recouvris le tube de porcelaine d'un lut fait avec de l'argile et du verre pilé, pour qu'il fut impénétrable aux gaz ; et au lieu de deux flacons pour condenser l'eau, l'acide carbonique, etc., j'en employai trois. Les deux premiers étoient vides et plongeoient dans un bain de glace sans sel ; le deuxième contenoit de l'ammoniaque et étoit aussi refroidi par de la glace.

On décomposa 41 gr. 5 d'éther. Tous les résultats furent calculés pour 18° de température thermomètre centigr., et 0^m.762 de pression.

L'expérience dura quatre heures ; on obtint, 1°. 33 lit. 01 de gaz ; 2°. 0 gr. 3 de charbon qui se trouvoit dans le tube de porcelaine non loin du col de la cornue ; 3°. 0 gr. 5 d'huile épaisse et déja charbonnée qui se trouvoit aussi dans le tube de porcelaine, mais tout auprès du col de la cornue ; 4°. 0,22 d'un liquide existant dans les tubes de verre ; 5°. 0,16 d'un liquide existant dans le second flacon ; 6°. 6,1 d'un liquide existant dans le premier flacon ; 7°. acide carbonique contenu dans le troisième flacon, représenté par 1,6 gram. de carbonate

de chaux. Pour estimer la quantité de liquide
contenu dans les tubes, et dans les deux premiers flacons, on a bien séché extérieurement ces tubes et ces flacons, et on les a
pesés avec une balance sensible au milligramme;
on les a ensuite bien séchés intérieurement,
et on les a pesés de nouveau (bien entendu
qu'avant l'expérience ils étoient parfaitement
secs.)

Examen de tous ces produits.

1°. *Examen du gaz.*

Ce gaz rougissoit par le contact de l'air et de
l'oxigène; il avoit une odeur très-prononcée de
vapeur nitreuse; il ne précipitoit point par l'eau
de chaux; il s'enflammoit subitement par l'approche d'un corps en combustion. Dans la
crainte que le gaz recueilli au commencement,
au milieu et à la fin de l'expérience, ne fut point
identique, je mêlai ensemble tout ce que j'en
recueillis, excepté les cinq premiers litres qui
contenoient l'air des vaisseaux. Je pris la pesanteur spécifique du mélange, et je trouvai que
les 33 lit. 01 = 29 gr. 8996. La pesanteur spécifique du mélange étant connue, j'analysai le

gaz et je le trouvai formé de gaz nitreux, de carbone, d'hydrogène, d'azote et d'oxigène.

J'en séparai très-facilement tout le gaz nitreux par le sulfate de fer peu oxidé. Trois expériences m'ont donné absolument le même résultat, et m'ont prouvé que 100 parties en contenoient 6.9. (Dans ma première analyse, mes gaz ne contenoient qu'une quantité inappréciable de gaz nitreux; cela vient probablement de ce que le feu avoit été beaucoup plus fort que dans la seconde).

Mon gaz étant privé de gaz nitreux, j'en brûlai en employant des doses différentes dans l'eudiomètre à mercure; et dans quatre expériences, j'obtins des résultats qui n'offroient pas une différence d'un centième. Voici la moyenne de mes quatre expériences.

	Parties (1).	Litre.	Gramme.
Gaz privé de gaz nitreux.	142.1	=0.02632	=0.0238
Gaz oxigène employé....	151.6	=0.028075	=0.03774403
Gaz acide carbon. obtenu.	103.6	=0.01918	=0.0355
Gaz azote obtenu.......	18.7	=0.003465	=0.00409
Gaz oxigène excédant...	26.9	=0.00499	=0.0067

d'où l'on tire que 0 gr. 0238 de notre gaz privé

----

(1) 198 parties de ma mesure, = 0 lit. 02.

de gaz nitreux contient

> 0.00923   carbone.
> 0.00409   azote.
> 0.00865   oxigène.
> 0.00185   hydrogène.
> ———————
> 0.02380

et que les 29 gr. 8996 de gaz tels que nous les avons retirés de l'éther nitrique, sont composés de

> 10.7914   carbone.
> 4.7856   azote.
> 10.1171   oxigène.
> 2.1402   hydrogène.
> 2.0631   gaz nitreux.

Ces résultats sont calculés en ne tenant pas compte de la vapeur d'eau des gaz, et en supposant que 100 d'eau = 88 oxigène et 12 hydrogène; que 100 d'acide carbonique = 74 oxigène et 26 charbon.

Examen du liquide contenu, soit dans les tubes, soit dans les flacons.

Ce liquide étoit brun, sentoit fortement l'acide prussique, avoit une saveur un peu piquante, contenoit du carbonate d'ammoniaque et de

l'huile en petite quantité. Son poids étoit de
6.48. Je le suppose formé d'huile ammoniaque,
o gr. 3 ; acide carbonique, o15 ; eau, 5 gr. 63.
Quoiqu'il eut une très-forte odeur d'amandes
amères, je n'ai pas pu en retirer d'acide prussique.

Il résulte donc de tout ce qui précède, que de
41 gr. 5 d'éther, j'ai obtenu ,

$$29.8996 \text{ gaz formés de} \begin{cases} \text{carbone.... } 10.7954 \\ \text{azote...... } 4.7836 \\ \text{oxigène.... } 10.1171 \\ \text{hydrogène.. } 2.1402 \\ \text{gaz nitreux. } 2.0631 \end{cases}$$

5.63   eau.
o.40   ammoniaque.
o.80   huile.
o.75   acide carbonique provenant tant des deux
         premiers flacons que du troisième.
o.3o   charbon.

Si nous admettons maintenant, 1e. dans l'eau et
l'acide carbonique les mêmes proportions que
précédemment ; 2e. que 100 de gaz nitreux =
66 oxigène et 44 azote; 3e. que 100 d'ammoniaque
= 80 azote et 20 hydrogène ; 4e. que notre
huile épaisse = 3 de charbon et un d'hydrogène ;
les quantités précédentes équivaudront à

Carbone ... 11.8904
Azote...... 6.011364
Hydrogène. 5.0958
Oxigène.... 16.781836

TOTAL 37.779400

La perte est donc de.. 3.7206

J'attribue cette perte à de l'eau que je n'ai pas pu condenser ; et en effet, dans presque tout le cours de l'opération, les gaz ont passé nuageux, quoique la distillation fut conduite avec lenteur. d'après cela 41.5 d'éther nitrique contiendroient

Carbone ... 11.8904
Azote 6.011364
Hydrogène. 3.542272
Oxigène ... 20.055964

41.500000

et 100 parties contiendroient

Carbone ... 28.65
Azote 14.49
Hydrogène. 8.54
Oxigène ... 48.52

Cette évaluation diffère sensiblement de celle

que nous avons rapportée (pag. 98); mais dans cette dernière, on avoit supposé, 1°. l'acide carbonique formé sur 100 de 72 oxigène et 28 carbone; 2°. l'eau formée de 85 oxigène et 15 hydrogène; 3°. la perte n'avoit point été attribuée à de l'eau qui s'étoit vaporisée, mais elle avoit été partagée entre tous les produits de l'opération, en raison de leur quantité.

Si on calcule tous les produits de la première analyse comme ceux de la seconde, on trouvera peu de différence entre les résultats. Cependant je ne regarde point ces analyses comme parfaites; 1°. à cause de la perte éprouvée; 2°. à cause du grand nombre de produits qu'on obtient, et dont il est difficile d'estimer, soit la quantité, soit la proportion des principes qui les constituent; 3°. enfin parce que je me suis servi de tubes de porcelaine, qui quoique recouverts d'une légère couche d'argile et de verre, ont pu encore être perméables au gaz. Je me propose de refaire cette analyse d'une manière rigoureuse. En effet, comme l'éther nitrique se dissout en très-grande quantité dans l'oxigène, et va jusqu'a quintupler son volume à une température et pression ordinaires, je prendrai la pesanteur spécifique de ce gaz composé dans lequel la quantité d'oxigène me sera donnée, et je le décomposerai par l'étincelle électrique, en y ajoutant de nouveau gaz oxigène, si cela est nécessaire; en sorte que dans cette expérience, n'obtenant pour produit que de l'eau, de l'azote, du gaz acide carbonique, il me sera facile d'avoir a une très-grande approximation, les quantités de carbone, oxigène, azote et hydrogène, constituant l'éther nitrique.

Note sur la théorie de l'éther nitrique.

En admettant que l'éther nitrique soit composé d'acide nitreux, d'acide acétique et d'alcool, ou bien de leurs élémens, ce qui se passe dans la formation de cet éther, est, dans les deux cas, facile à concevoir. Une portion d'alcool est complettement décomposée par l'acide nitrique, cède presque tout son hydrogène à l'oxigène de cet acide, et de là résulte beaucoup d'eau, beaucoup de gaz oxide d'azote, de l'acide nitreux, du gaz nitreux, de l'azote, de l'acide carbonique, de l'acide acétique, et une matière contenant beaucoup de carbone; tandis que d'une autre part, de l'alcool, de l'acide nitreux et de l'acide acétique, ou leurs élémens, s'unissent pour constituer l'éther. *Voy*. le premier Mémoire sur l'éther nitrique, pag. 73.

NOTE

SUR LA PURIFICATION DU PLATINE.

PAR M. DESCOSTILS.

LE seul moyen que l'on ait encore de purifier le platine, est de le dissoudre dans l'acide nitro-muriatique et de le précipiter par le sel ammoniac. La décomposition du sel triple s'opère ensuite par la simple chaleur, et l'on obtient le platine à l'état métallique.

Ce procédé a deux inconvéniens. Le premier est la grande quantité d'acide nécessaire pour la dissolution du platine en grains ; le second et le principal est l'union que le platine contracte avec l'iridium dans sa précipitation par le sel ammoniac. Cette union ne peut plus être détruite que par des dissolutions et des précipitations répétées qui donnent successivement un sel plus exempt d'iridium, à raison du peu d'action que les acides exercent sur ce dernier métal, et de la plus grande solubilité de ses combinaisons salines , par rapport à celles du platine. On peut à la vérité abréger ces opérations , en n'employant que le sel orangé que l'on obtient de la précipitation de la dissolution du platine en grains un peu étendue d'eau , mais alors on perd une portion du platine qui reste dans les eaux mères , et cette perte deviendroit importante si on opéroit sur de grandes quantités.

J'ai cherché à remédier à ces deux inconvéniens , en faisant à ce procédé quelques modifications fondées sur des propriétés déja connues à la vérité , mais dont on n'avoit point encore fait d'application. Voici en quoi elles consistent.

Au lieu de dissoudre directement la mine de platine dans les acides , je commence par la fondre avec du zinc (1). L'alliage se fait avec facilité et même avec dégagement de chaleur et de lumière, ainsi que l'a observé Lewis. La chaleur produite par un fourneau à réverbère ordinaire est suffisante pour déterminer cette combinaison. Il faut d'abord chauffer le zinc, et aussitôt qu'il est fondu , verser doucement le platine dessus. On couvre alors le creuset, et on augmente le feu

---

(1) J'ai employé 4 parties de zinc contre une de platine ; mais je crois que l'on peut diminuer beaucoup cette proportion.

en plaçant le dôme sur le fourneau et en y adaptant un tuyau d'un mètre environ de hauteur. Une
demi-heure après, si la masse n'est pas très-
considérable on retire le creuset; une partie du
zinc est vaporisée dans cette opération, et par
conséquent se trouve perdue, mais cela est
inévitable si on veut avoir une combinaison
homogène.

L'alliage que l'on obtient est d'un blanc gri-
sâtre, un peu grenu dans sa cassure, et très-
facile à pulvériser. On le réduit en poudre fine,
et on l'attaque par l'acide sulfurique étendu de
deux ou trois fois son poids d'eau. Lorsque
l'action de l'acide diminue, on la ranime à
l'aide de la chaleur, et lorsqu'elle cesse entièrement, on décante la liqueur et on verse de
nouvel acide sur le résidu; on continue ainsi
jusqu'à ce que l'acide ne produise plus aucun
effet. En opérant de cette manière on obtient
facilement du sulfate de zinc des premières liqueurs décantées; les dernières peuvent être
reservées pour attaquer de nouvelles quantités
d'alliage.

Lorsque l'acide sulfurique seul n'exerce plus
d'action, on y ajoute une petite quantité d'acide
nitrique qui détermine la dissolution d'une nouvelle quantité de zinc. On peut alors employer

un acide sulfurique plus concentré. Dans ce
dernier cas il enlève un peu de platine et de
palladium, mais on peut retrouver ces métaux
par le sulfate vert de fer et le sel ammoniac,
et purifier ensuite le sulfate de zinc avec du zinc
métallique.

Lorsque l'acide ne peut plus rien dissoudre
on décante la liqueur et on lave le résidu (1).
Il est alors très-facile à dissoudre dans l'acide
nitro-muriatique (2). La proportion des acides
nitrique et muriatique qui m'a paru la plus
convenable, est celle d'une partie du premier
contre trois du dernier. Je dois observer qu'il y
a un grand avantage à ne pas faire le mélange
avant de les employer. Il vaut mieux verser
d'abord l'acide nitrique sur le métal et ajouter
ensuite peu-à-peu l'acide muriatique jusqu'à ce
que cette addition ne produise plus aucun effet.

---

(1) Ce résidu brûle avec facilité à une très-légère
chaleur; et même si on a employé une proportion de
zinc moins forte, le résidu détonne comme la poudre à
canon. L'acide muriatique lui enlève cette propriété.

(2) Celui que j'ai obtenu d'un alliage de 4 parties de
zinc et d'une de platine en grains, alliage qui, par la
fusion, avoit perdu une partie de zinc, n'a exigé, pour
se dissoudre, qu'un peu plus de quatre fois le poids du
platine en acide nitro-muriatique.

Il est encore avantageux d'employer les acides
en petites quantités, en décantant la dissolution
avant de verser de nouvel acide nitrique.

Après que la dissolution est terminée, on
laisse reposer la liqueur pendant quelque tems
dans un vase élevé et d'un petit diamètre. Lorsqu'elle est bien claire, on la décante avec un
siphon étroit, pour séparer la poudre noire qui
reste après la dissolution du platine, et on évapore la liqueur jusqu'à siccité parfaite. Si on
dissout ensuite le résidu dans une quantité
d'eau un peu considérable, et qu'on laisse reposer pendant 24 heures, presque tout l'or, qui
étoit contenu dans la mine, se dépose, au fond
du vase, à l'état métallique. On décante de
nouveau, et si on veut obtenir les dernières
portions de palladium, on ajoute à la liqueur
un peu de prussiate de mercure, qui, d'après
M. Wollaston, précipite ce métal en totalité (1).
On filtre alors et on verse dans la dissolution du
carbonate de soude bien exempt de potasse, jusqu'à ce que le précipité qui se forme n'augmente plus. L'effet de cette addition est de former un sel triple de soude et de platine qui,

_____

(1) Ann. de chim. tom. 61, p. 105.

d'après M. Proust, n'est pas décomposé par le carbonate de soude ajouté dans la proportion convenable, tandis que le fer est précipité (1). On sépare ce dernier par le filtre, ou ce qui est préférable on le laisse déposer, et on décante; on lave le dépôt à plusieurs reprises, et on réunit les liqueurs; mais comme les dernières eaux de lavage contiennent peu de platine, on peut les mettre à part pour en précipiter le métal par l'hydrogène sulfuré ou par un hydro-sulfure. Le précipité grillé peut ensuite être traité avec la mine crue dans une opération subséquente.

Si l'on craint que le dépôt ferrugineux ne retienne du platine, on peut le réconnoître en en dissolvant une petite portion dans l'acide muriatique concentré, et en ajoutant à la dissolution du muriate d'ammoniaque. Si le sel triple qui se dépose paroît abondant, on traite de même la totalité du dépôt ferrugineux.

La liqueur qui contient le sel triple de platine et de soude, doit être légèrement acide. On y ajoute du carbonate de soude jusqu'à ce qu'elle devienne sensiblement alcaline. En la laissant

---

(1) *Voy.* sa lettre à M. Vauquelin, Ann. de chim. tom. 49, p. 177.

quelque tems exposée à l'air, l'iridium se sépareroit sous la forme d'un dépôt vert, mais pour que cette séparation s'opère plus vîte et plus complettement, la dissolution doit être chauffée légèrement, c'est-à-dire jusqu'à 5o à 6o degrés cent. au plus. L'iridium se dépose alors abondamment ainsi que je l'ai fait voir dans le mémoire par lequel j'ai fait connoître ce métal et son influence sur la coloration des sels de platine (1). Il faut pour que la séparation soit aussi complette que possible, que la dissolution ne soit ni trop concentrée ni trop alcaline.

Lorsque le dépôt n'augmente plus, on filtre, et on verse dans la liqueur, après qu'elle est refroidie, autant d'acide muriatique qu'il est nécessaire pour qu'elle redevienne très-sensiblement acide. On précipite alors avec le sel ammoniac, et lorsque la précipitation est complette, on filtre et on lave le sel triple à plusieurs reprises avec de petites quantités d'eau.

Les liqueurs contiennent encore du platine et un peu d'iridium. On précipite ces métaux

(1) *Voy.* Ann. de chim. tom. 48, p. 170.

par un hydrosulfure, et on traite le précipité comme il a été dit.

Le sel triple que l'on obtient par ce procédé, doit être, s'il est bien pur, d'un jaune d'or clair. L'acide nitrique qui le dissout par l'ébullition, ne doit lui donner d'autre intensité de couleur que celle que doit produire le plus gros volume des cristaux qui se reforment par le refroidissement. Il est au surplus un moyen facile d'y retrouver les plus petites traces d'iridium. Il consiste à réduire par la chaleur une petite portion du sel que l'on veut essayer, à dissoudre le résidu par l'acide nitro-muriatique, ou si on l'aime mieux à dissoudre directement le sel triple par cet acide qui dans cette circonstance décompose l'ammoniaque, et à précipiter de nouveau le métal par le sel ammoniac, en ayant soin de n'en employer que la quantité nécessaire. On sépare le sel triple par le filtre, et on fait évaporer les eaux-mères. Si le sel qu'elles fournissent est d'un jaune clair on peut être assuré qu'il n'y a point d'iridium dans celui que l'on essaie. Si au contraire le sel est rouge, c'est une preuve que ce métal y existe, et il faut traiter de la même manière la totalité du sel triple, si on veut le purifier entièrement.

La réduction par la chaleur d'une quantité

un peu considérable de sel triple exige quelques
précautions. Si on l'opère dans un creuset, il
arrive souvent que les jets de vapeurs qui se dégagent, entraînent une grande partie du sel ; je
préfère le dessécher d'abord dans une capsule
de porcelaine et terminer la réduction dans une
cornue de grès. Je lave ensuite l'éponge métallique jusqu'à ce qu'elle ne contienne plus
rien de soluble ; je la fais bouillir même avec
un peu d'acide sulfurique, et après l'avoir bien
lavée, je la redissous. Dans cet état de ténuité,
le platine n'exige que peu d'acide. Je précipite
ensuite avec le muriate ammoniacal, je lave le
sel avec de petites quantités d'eau et à plusieurs
reprises, et j'obtiens par sa réduction le platine
dans son plus grand état de pureté connu.

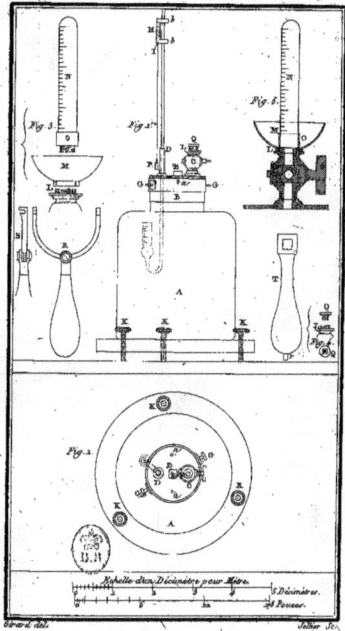

Fig. 3.   Fig. 2.   Fig. 4.

Fig. 1.

Échelle d'un Décimètre pour Mère.

NOTE.

M. Gay-Lussac a lu à la Société, le 12 juin 1807, une note dans laquelle il annonce qu'en comparant la pesanteur spécifique des corps avec leur capacité de saturation, il a cru reconnoître ce principe : que plus un corps a de pesanteur spécifique, moins il a de capacité de saturation. Il a aussi reconnu que dans les combinaisons des acides avec les alcalis, leurs capacités sont indépendantes de la quantité d'oxigène qu'ils renferment. Il a cité à l'appui de ces deux principes un grand nombre de faits pris dans divers genres de combinaisons ; mais avant de les présenter l'un et l'autre comme des vérités incontestables, il se propose de faire de nouvelles expériences.

Fin du Tome premier.

TABLE

DES MATIÈRES.

~~~~~~~~~~~~~

Fin de la Table des matières.